在庫と事業経営

カップリングポイント在庫計画理論

光國光七郎 著

日科技連

まえがき

　本書は製造・流通企業向けにカップリングポイント在庫計画理論を応用した日次の在庫計画に基づく補充型需給調整方式(Replenishment method based on coupling point inventory planning theory)について解説する。

　在庫計画は生産，販売，需要予測，物流，調達，財務会計，管理会計，資金会計のはざまに位置する。在庫は事業経営に必要な運転資金と密接な関係にあり，事業内のキャッシュの循環経路である。在庫は棚卸を通して金額換算されて棚卸資産に計上される。棚卸資産(在庫)は貸借対照表の流動資産勘定として総資産の20〜30％を占める。まさに，在庫計画は製造・流通企業にとってキャッシュ(現預金)を生み出す最も重要な事業経営の肝の仕組みである。在庫計画の仕組みが盤石であればこそ，経営層は生み出されるキャッシュを戦略的に活用することが可能になる。

　一方で，在庫は損益計算書の勘定科目には現れないため，直接的に在庫と損益は結びつかない。しかし，なぜか，経営層の一部には売上高と発生コストの損益関係として在庫適正化を評価しようとする誤解がある。実際の事業経営において，一部の経営層と管理層は損益に目が奪われ，在庫が事業経営を圧迫することを見失いがちである。その原因の1つに，営業キャッシュフローを間接法で計算する場合に｛営業キャッシュフロー＝営業利益＋減価償却費｝，または，｛営業キャッシュフロー＝(現預金＋売掛金＋棚卸資産)－(買掛金＋短期借入金)｝であることから棚卸資産(在庫)が多いと営業キャッシュフローがよく見えるという誤認がある。そして，営業利益が良くても資金調達が思うようにいかなくなる黒字倒産の危機を経験すると，このような誤認に気づく。こうして経営層から管理層に対して在庫適正化の指令が下りる。黒字倒産の危機まで至らなくても，あるいは，健全な経営をされている製造・流通企業においても，日頃から資金効率の向上を目指して「在庫適正化の活動」と「キャッシュ(現預金)を生み出す仕組み」の関係を理解することが重要である。

　また，在庫(棚卸資産)の発生とその適正化は販売計画，需要予測の精確度に

まえがき

依存すると思い込んでいる管理層も散見される。在庫は需要予測が当たっても外れても物理現象として発生する。出庫に間に合うようタイミングよく現品を準備することにより欠品させないということと，在庫を多く保有して欠品させないということの両者が混同されている。在庫の発生理由は（量×時間）である。量と時間の両者を同時的に計画しなければ在庫の適正化はできない。量の計画は需要予測と販売計画で，時間の計画は生産計画で，それぞれ別々に分担するという伝統的な計画方法は限界にきている。在庫の適正化は在庫計画理論によって説明することが望ましい姿である。

このような近年の状況下において，理論書として出版されている拙著『経営視点で学ぶグローバルSCM時代の在庫理論―カップリングポイント在庫計画理論―』[1]の解説書がほしいという要望がある。また，製造・流通企業の経営層・管理層の方々から，在庫と事業経営の関係についての理解を深めたいという声が寄せられている。一方，私たちの研究室では，日本発の「カップリングポイント在庫計画理論」の適用範囲を週次から日次のサイクルへ，供給リードタイムを1日から180日まで拡張して多くの製造・流通企業のキャッシュ改善に効果を上げている。また，これらの研究成果を公開し，経営層・管理層の要望に応えるための教科書が作れたらよいという希望が芽生えている。

そこで，本書は『経営視点で学ぶグローバルSCM時代の在庫理論』をテキストとして対応づけて3部9章で構成し，この10年で進化した内容を盛り込んで解説する。第Ⅰ部の在庫とキャッシュでは，在庫が金額に換算されて事業の経営状況の測定につながっていく仕組みについて，経営視点で把握する。まず，製造・流通企業においてキャッシュが生まれる仕組みについて述べ，次に，財務諸表と在庫の関係を示し，最後にキャッシュを生み出す在庫計画とはどのような計画であるべきかについて解説する。解説内容はテキストの第2章「在庫計画の役割と企業経営」の部分に相当する。

第Ⅱ部では，現場で現実に存在する物品が在庫の挙動として現れる物理的な現象について，現場視点で把握する。まず，需要と供給の調整方式と供給指示方法の大枠を示し，次に，必要在庫量の計算方法を復習する。このなかで，ダブルビン発注方式を原理とした必要在庫量の計算方法と日次の在庫計画に基づく補充型需給調整方式を紹介する。そして，必要在庫量の維持方法についてシミュレーションを示しながら解説する。解説内容はテキストの第3章「発注方

まえがき

式の基礎」，第4章「カップリングポイント在庫計画」，第5章「最適化在庫補充方式」の部分に相当する．

　第Ⅲ部では，物理的な現象としての在庫を経営視点で統制していくための考え方について，管理視点で把握する．まず，在庫計画の導入・分析のための大枠を示し，次に，供給側の生産過程に着目した工程整理の着眼について述べ，最後に，管理の着眼からの4つの分類(4象限分析)による需要実績の分析方法を紹介する．解説内容はテキストの第6章「カップリングポイント在庫計画の導入設計」の部分に相当する．本書の各章のオリジナルについて学びたい方は本書と合わせてテキストを参照するとよい．

　本書の読者層は製造・流通企業において実際に在庫問題で悩み，奮闘する方々を対象にする．また，大学の学部で経営システム工学，管理工学，経営学，商学，情報システム工学の各領域で製造・流通企業の挙動について学ぶ学生のテキストになることを想定している．そこで，第Ⅰ部，第Ⅱ部，第Ⅲ部の最後の部分に企業での実用に供するための分析とシミュレーションツールを作成する演習問題を用意する．この演習は在庫の挙動について学ぶ学生の演習教材としても活用できる．

　今回，日科技連出版社のご厚意により本書が上梓され，多くの製造・流通企業の在庫適正化と事業経営の健全化に貢献できることは研究室メンバ一同の喜びである．また，在庫と事業経営の関係に深い関心を寄せて一緒に研究を推進した河野真太郎氏，周学明氏，ムハマド・フィルダウス氏，金田晴美氏，高城伸幸氏，サンデンホールディングス株式会社のみなさま，住友商事株式会社物流保険事業本部のみなさま，株式会社日立製作所のみなさま，株式会社日立システムズのみなさま，株式会社日立ハイテクノロジーズのみなさま，株式会社日立ソリューションズ西日本のみなさまに感謝する．

　最後に，いつも著者を見守り激励下さる母校創価大学創立者・池田大作博士と奥様に感謝申し上げる．また，いつも健康を気遣ってくれる妻ひろ子に感謝する．

2016年5月3日

光國光七郎

在庫と事業経営
カップリングポイント在庫計画理論

目　次

まえがき………iii

第Ⅰ部　在庫とキャッシュ………1

第1章　キャッシュが生まれる仕組み………2

1.1　コンビニ弁当の収支計算………2
　1.1.1　在庫廃棄による利益喪失………2
　1.1.2　販売計画の不正確さによる利益喪失………4
　1.1.3　キャッシュ収支確保と売上高規模確保の判断………5
1.2　製造・流通企業のキャッシュの循環………6
1.3　大切な純キャッシュの創出………7
　1.3.1　営業キャッシュフローと棚卸資産………7
　1.3.2　営業キャッシュフローとキャッシュ(現預金)収支の違い
　　　　………8
　1.3.3　企業存続を左右するキャッシュ収支の目標設定………11

第2章　財務諸表と在庫の関係………14

2.1　財務諸表と単位期間の設定………14
　2.1.1　単位期間………14
　2.1.2　計画・管理と単位期間………15
2.2　財務数値の単位期間表現………15
　2.2.1　売上高の単位期間表現………15
　2.2.2　売上原価の単位期間表現………16

目　次

2.3　単位期間を用いた棚卸資産の時間表現………16
　2.3.1　棚卸資産の滞留期間………16
　2.3.2　種類別の在庫滞留期間………17
2.4　品目別の売上総利益と在庫水準………18
　2.4.1　在庫による利益喪失の見える化………18
　2.4.2　品目ごとの売上総利益と棚卸資産の交叉比率………19
　2.4.3　純キャッシュを生み出す在庫水準の見える化………22

第3章　キャッシュを生み出す在庫計画………23

3.1　事業計画と部門別業務計画………23
　3.1.1　部門ごとの管理目標………23
　3.1.2　部門管理と在庫計画の管理指標の関係………24
3.2　「売れた分造る」の由来………25
3.3　財務諸表からの分析事例………27
　3.3.1　在庫と事業経営状況のまとめ………27
　3.3.2　自動車部品メーカＳ社の事例………28
　3.3.3　総合電機メーカＰ社の事例………30
3.4　在庫とキャッシュの演習………33

第Ⅱ部　在庫に関する現象の理解………35

第4章　需要と供給の調整方式と供給指示方法………36

4.1　供給の指示方法………36
4.2　プッシュ型需給調整方式………37
　4.2.1　プッシュ型需給調整方式の挙動………37
　4.2.2　プッシュ型需給調整方式の企業間連携の挙動………39
4.3　プル型需給調整方式………41
　4.3.1　プル型需給調整方式の挙動………41

4.3.2 プル型需給調整方式の企業間連携の挙動………42
4.4 補充型需給調整方式………43
  4.4.1 補充型需給調整方式の考え方………43
  4.4.2 補充型需給調整方式の挙動………45
  4.4.3 補充型需給調整方式の企業間連携の挙動………46

第5章 必要在庫量の計画………48

5.1 在庫の種類と計算方法………48
  5.1.1 見越し在庫（戦略的在庫）………48
  5.1.2 需要変動予防在庫（安全在庫）………48
  5.1.3 ロットサイズ在庫………49
  5.1.4 輸送在庫………50
  5.1.5 工程仕掛在庫………50
  5.1.6 納期対応在庫………51
5.2 在庫量計算方法の応用と課題………51
  5.2.1 在庫量計算方法の応用………51
  5.2.2 月次サイクル在庫量計算の課題………53
  5.2.3 週次サイクル在庫計画の実用化………54
  5.2.4 日次サイクル在庫量計算の課題………57
5.3 在庫計画成立の前提条件………57
  5.3.1 需要の繰返し性………57
  5.3.2 供給能力は需要量より大きい………58
  5.3.3 在庫切れと入庫（到着）量の関係………58
  5.3.4 需要時期と供給時期の同期化………59
5.4 適正在庫位置と在庫補充方式………60
  5.4.1 適正在庫位置の設定と必要在庫量………60
  5.4.2 単位期間あたり需要量と供給量の結合………61
  5.4.3 ダブルビン発注方式の在庫補充への応用………64
5.5 需要統計による需要モデル………65

5.5.1　移動平均期間の長さとサンプルの取り方………65
5.5.2　平均需要量と標準偏差の求め方………66
5.5.3　需要の発生状況………67
5.5.4　添え字(n, i)の省略表記………67
5.6　需要の発生状況と必要在庫量………67
5.6.1　需要発生間隔（需要密度）と在庫量………67
5.6.2　需要のばらつき率と余裕在庫率………69
5.6.3　需要密度を考慮した必要在庫量の求め方………74
5.7　供給能力計画………78
5.7.1　戦略的在庫量の供給に必要な供給能力………78
5.7.2　日常運用段階で必要な供給能力………79

第6章　必要在庫量の維持………80

6.1　在庫計画に基づく補充型需給調整方式………80
6.1.1　単品目の補充要求量の求め方………80
6.1.2　供給負荷平準化と在庫水準安定化の両立………86
6.1.3　多品目の優先補充と先行補充による供給負荷の平準化………88
6.2　事業計画による必要在庫量の調整………92
6.2.1　品目のライフサイクルによる必要在庫量の調整………92
6.2.2　需要計画の反映よる必要在庫量の調整………95
6.3　在庫計画と補充のシミュレーション………96
6.3.1　在庫計画補充シミュレーションのモデル………96
6.3.2　在庫受払ブロックの情報処理………97
6.3.3　需要統計ブロックの情報処理………98
6.3.4　必要在庫量算出ブロックの情報処理………100
6.3.5　補充要求量算出ブロックの情報処理………103
6.4　シミュレーションによる在庫の挙動の理解………107
6.4.1　在庫の挙動理解の必要性………107

- 6.4.2 在庫切れの理由（在庫受払ブロック）………108
- 6.4.3 需要密度 Rd による補正で在庫切れが多発する例………110
- 6.4.4 デカップリング在庫理論の必要在庫量 In の例………111
- 6.4.5 ロットサイズ $Qd \times Trm$ でまとめる例………111
- 6.4.6 ダブルビン方式の必要在庫量 Ind_Trm の例………112
- 6.4.7 緊急時の輸送手段変更の作用………114
- 6.4.8 単純平均と移動平均の必要在庫量の違い………116
- 6.4.9 需要予測（需要計画）方式と在庫補充方式の比較………118
- 6.4.10 シミュレーション結果の読み方と理解………123
- 6.5 ダブルビン方式による在庫計画の特徴………130
  - 6.5.1 供給リードタイムが長い場合の在庫計画………131
  - 6.5.2 供給リードタイムが短い場合の在庫計画………132
  - 6.5.3 供給リードタイムと必要在庫量およびキャッシュの関係………134
- 6.6 在庫計画と在庫補充方式の演習………134

第Ⅲ部　在庫計画による管理………141

第7章　在庫計画導入のための業務管理分析………142

- 7.1 商品特性で決まる企業間連携の基本構造………142
  - 7.1.1 サプライチェーンの4つの特性………142
  - 7.1.2 装置産業の特性………144
  - 7.1.3 部品産業の特性………145
  - 7.1.4 組立産業の特性………147
  - 7.1.5 セットメーカの特性………148
  - 7.1.6 流通産業の特性………149
- 7.2 業務管理の特性と在庫の関係………151
  - 7.2.1 業務特性と在庫の関係………151

7.2.2　商品の企画開発活動………152
7.2.3　商品・サービスの販売促進活動………153
7.2.4　生産および設備投資の活動………154
7.2.5　物流活動………156
7.2.6　保守活動………157
7.3　サプライチェーン工程分析………158
7.3.1　サプライチェーン工程図の整理………158
7.3.2　サプライチェーン工程図を用いた現状分析と改善例………159

第8章　品目管理の着眼4象限分析………165

8.1　品目管理の着眼4象限分析の考え方………165
8.1.1　品目ごとの改善と仕組みの改善の違い………165
8.1.2　ABC分析の限界………166
8.1.3　多数品目のための4象限分析………167
8.2　品目管理の4つの特性………169
8.2.1　分類A 高額品の特性………169
8.2.2　分類B 主力品の特性………170
8.2.3　分類C 普及品の特性………172
8.2.4　分類D 裾野品の特性………173

第9章　在庫適正化ワーキング活動と日常運用………175

9.1　在庫適正化ワーキング活動………175
9.1.1　在庫適正化ワーキング活動の考え方………175
9.1.2　業務間連携の改革(事業構造改革)………178
9.1.3　業務活動の改善………180
9.1.4　改善成果の定着化に欠かせないIT(情報技術)の活用………182
9.1.5　キャッシュを生み出す在庫計画の教育と改革活動の推進………183

目 次

9.2　在庫適正化の日常活動………185
　9.2.1　事業方針による在庫状態の監視………185
　9.2.2　品目のライフサイクルによる在庫状態の監視………186
　9.2.3　管理の着眼4象限分析による在庫状態の監視………187
　9.2.4　日常の在庫状態の監視………189
　9.2.5　日常の在庫適正化活動の事例………193
　9.2.6　材料・部品発注方式切替えの判定………195
9.3　需給調整方式の演習と考察………196

あとがき………201
主要な用語解説………202
参考文献………205
索引………207

装丁・本文デザイン＝さおとめの事務所

第Ⅰ部

在庫とキャッシュ
(Create cash from inventory)

　第Ⅰ部では，在庫が金額に換算されて事業の経営状況の測定につながっていく仕組みについて，経営視点で把握する。解説内容はテキスト『経営視点で学ぶグローバルSCM時代の在庫理論』の第2章「在庫計画の役割と企業経営」の部分に相当する[1]。詳細を学びたい方は本書と合わせて参照するとよい。

第1章
キャッシュが生まれる仕組み

1.1　コンビニ弁当の収支計算

1.1.1　在庫廃棄による利益喪失
　営業利益計算上は利益が出ているにもかかわらず売れ残り弁当(在庫)の廃棄損によりキャッシュ収支で損をするコンビニ弁当の例を示す。

(1)　利益喪失の考え方
　本章で示す利益喪失とは，廃棄損などによる売上総利益の目減り分のことである。在庫は棚卸資産に計上されるが，原価計算時の経費(材料費，部品費，労務費，加工費，物流費，製造間接費など)に計上されることはない。そのため，在庫の過不足を損益計算上の数値で評価することは難しい。在庫不足については受注機会損失という考え方があるので失注による売上高の減少は評価できる。しかし，過剰在庫の場合，売上高の増減で評価することはできない。このように，過剰在庫と在庫不足の両面を同じ尺度で評価する方法はない。
　そこで，コンビニ弁当の売れ残り時の廃棄ロスの考え方をヒントに，キャッシュ収支と売上総利益(売上高 − 売上原価)の関係に着目する。在庫不足時の利益減少，過剰在庫時の廃棄損による利益喪失という考え方を用いて過剰在庫とキャッシュ収支の関係について検討を加える。

(2)　利益喪失の計算例
　ある弁当の販売価格 500 円／個，仕入値 400 円／個，売上総利益 100 円／個(売上総利益率 20％／個)を例として，廃棄損による利益喪失の考え方を図 1.1 に示す。
　いま，販売実績から 8 個／日は確実に売れているとする。そこで，店長は売

1.1 コンビニ弁当の収支計算

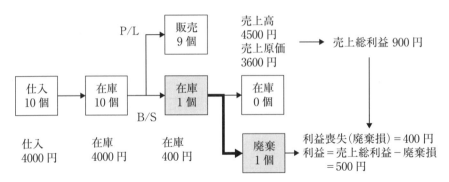

4500円の売上で得た売上総利益900円が在庫(廃棄損)により500円に目減りする

図 1.1　廃棄損による利益喪失の考え方

上拡大を期待して販売計画を高めに設定して10個／日の販売計画を立案し，10個を仕入れることにする。10個売り切ることができれば，売上高は(10個×500円＝)5000円，仕入高は(10個×400円＝)4000円で利益目標は(5000円−4000円＝)1000円である。販売当日になって，販売計画に沿って10個仕入れる。そして，9個売れて1個余ったとする。この1個は翌日売ることができないので廃棄する。キャッシュ収支は，売上が4500円，仕入が4000円なので500円のプラスになる。また，利益計算上の利益も500円になる。

次に，図1.1を利益計算の手順に沿って示すと，

① 仕入高は，10個×400円＝4000円，
② 在庫高は，入庫分の10個×400円＝4000円，
③ 売上高は，9個×500円＝4500円，
④ 在庫残高は，入庫10個−売れた分の出庫9個＝1個で400円，
⑤ 棚卸資産率は，在庫残高400円÷仕入高4000円＝10％，
⑥ 売上原価は，当日朝の在庫0個＋当日仕入10個−当日夜在庫1個＝9個×400円＝3600円，
⑦ 売上総利益は，売上高4500円−売上原価3600円＝900円，

になる。

ここで，仕入は3600円に下がることはない。また，売れ残った1個は廃棄処分する。

⑧ 廃棄損400円，在庫残高はゼロになる。

⑨　利益は，売上総利益 900 円 − 廃棄損 400 円 = 500 円，
に目減りする。
　この売上総利益の目減り分が廃棄損による利益喪失である。

1.1.2　販売計画の不正確さによる利益喪失
(1)　販売計画の不正確さの影響
　販売計画および仕入が 10 個の例で，8 個売れて 2 個余ると，売上高は (8 個 × 500 円 =) 4000 円，仕入高は 4000 円で，キャッシュ収支は 0 円になる。これを利益計算すると，売上原価は (8 個 × 400 円 =) 3200 円，在庫は (2 個 × 400 円 =) 800 円，売上総利益は (売上高 4000 円 − 売上原価 3200 円 =) 800 円になる。しかし，在庫の廃棄により利益喪失が (2 個 × 400 円 =) 800 円になる。4000 円も売上げているにもかかわらず利益は (売上総利益 800 円 − 廃棄損 800 円 =) 0 円になる。このときの棚卸資産率は (在庫高 800 円 ÷ 仕入高 4000 円 =) 20％である。
　では，販売計画および仕入が 10 個の例で，7 個売れて 3 個余ると，売上高は (7 個 × 500 円 =) 3500 円，仕入高は 4000 円で，キャッシュ収支は −500 円 (500 円の損失) になる。これを利益計算すると，売上原価は (7 個 × 400 円 =) 2800 円，在庫は (3 個 × 400 円 =) 1200 円，売上総利益は (3500 円 − 2800 円 =) 700 円になる。しかし，在庫の廃棄により利益喪失が (3 個 × 400 円 =) 1200 円になり，(売上総利益 700 円 − 廃棄損 1200 円 =) −500 円で 500 円の損失になる。3500 円も売上げているにもかかわらず利益は出ず，逆に損失が 500 円になる。そして，仕入先に支払う 4000 円の仕入高に対して 500 円の不足は借入金でまかなうことになる。このときの棚卸資産率は (在庫高 1200 円 ÷ 仕入高 4000 円 =) 30％である。
　このように，利益計算上は利益が生まれていても，実際のキャッシュ収支の視点で見ていくと在庫の廃棄損によりせっかくの売上総利益から利益が損なわれる。このような利益喪失を発生させる要因には，一般にロスと呼ばれる廃棄，滞留在庫，品質不良，仕損，歩留まり，誤購入，返品，受注機会損失などが考えられる。

(2)　販売計画次第で利益喪失は防げる
　しかし，実際に 7 個売れる実力を考えて，販売計画を 8 個とする場合を考え

る。仕入高は(8個×400円=)3200円であり，売上高は(7個×500円=)3500円なので売上高から仕入高3200円を減ずるとキャッシュ収支は300円生まれる。これを利益計算すると，(売上原価7個×400円=)2800円で，売上総利益は(売上高3500円－売上原価2800円=)700円になる。また，廃棄による利益喪失は(1個×400円=)400円となり，利益は(売上総利益700円－廃棄損400円=)300円が生まれる。このときの棚卸資産率は(在庫高400円÷仕入高3200円=)12.5％である。このように，実績販売量が同じ7個の場合でも，販売計画の設定が10個と8個では仕入量が違うので，結果としてキャッシュ収支と利益は異なることになる。

一方で，販売計画が8個の場合に，実際に9個の注文があって1個失注した場合は受注機会損失による利益減少100円が発生する。しかし，8個売り切っているので販売計画で立案した800円の利益は確保できている。この場合，利益は900円獲得できたかもしれないのに800円にとどまったということになる。この100円の利益の積み増しは元々販売計画では予定していない。この予定していない利益について，受注機会損失があったと考えて100円の損と受け止めることがよくある例である。

この場合，販売計画を高めの9個にして，実際に8個しか売れなかった場合，売上高(8個×500円=)4000円，仕入高(9個×400円=)3600円で，キャッシュ収支は400円になる。この状況と，販売計画を8個として8個売り切ってキャッシュ収支は800円になるという状況を比較する。販売実績は同じ8個なので，売上総利益は利益計算上どちらも800円である。違いは売れ残った在庫の廃棄損による利益喪失(800円－400円=)400円という結果を想定することである。ここで売上総利益は同じだから問題にならないと考えるか，キャッシュ収支が悪くなると考えるかで評価が分かれる。

1.1.3　キャッシュ収支確保と売上高規模確保の判断

売上拡大を図るために多めに在庫を保有して結果的に過剰在庫になると，利益計算上は売上総利益が生まれるにも関わらず，生まれるキャッシュ収支は在庫により目減りするという現象に陥る。販売活動において，受注機会損失による売上高の伸び悩みが発生するように感じられる場合であっても，販売計画を達成しているのであれば，実際は在庫を売り切ることによるキャッシュ収支は

大きいといえる。したがって，受注機会損失が発生したと感じたとしても利益喪失のリスクのほうが小さくなると考えてよい。実力を大きく超えた販売計画による過剰在庫はキャッシュ収支を悪化させるということができる。

また，利益計算に目が奪われて現実のキャッシュ収支の不足により短期借入が限度額に近いことを見落とし，慌てて利益確保のためにさらに高い販売計画を立案して悪循環に嵌まる例が見られる。このことから，経営管理者の価値判断基準は，「キャッシュ収支の確保」と「売上高規模拡大」のどちらを優先事項とするかが問われることになる。

著者は，短期借入金の返済原資が確保できている場合は売上高規模拡大を優先してもよいと考えたいが，日本における商売の基本は，キャッシュ収支の確保を優先するのが適切な判断であると考えている。

また，売掛金，買掛金，棚卸資産の合計から資金の滞留を測定・評価するキャッシュフロー・コンバージョン・サイクルという考え方がある。本書はその考え方のうち棚卸資産を対象としている。売掛金回収期間と買掛金支払期間の短縮化といった改善活動は取引条件の改善テーマと考える。

1.2 製造・流通企業のキャッシュの循環

製造・流通企業の現預金(キャッシュ)の循環は図1.2に示すように，仕入活動による貸借対照表の現金等価物勘定(一般に現預金，キャッシュと呼ぶ)の支出から始まり販売活動後の売掛金回収による収入で終わる。現預金(キャッシュ)の循環は事業経営の肝である。現預金(キャッシュ)が不足して債務の支払いができなくなる状況を一般に倒産(経営破たん)と呼ぶ。経営破たんしないために現預金(キャッシュ)を調達する活動を一般に資金繰り(資金調達)と呼ぶ。現預金(キャッシュ)は商品・製品販売時の売上または売掛金の回収により入金し，原材料や部品購入，給与の支払い，販売管理費などの経費支払いにより出金する。一般に現預金(キャッシュ)が不足すると債務決済時に支払ができなくなるので，これを防ぐために債権回収を早め，あるいは短期借入により資金調達して入金する。

商品・製品販売による入金や，原材料・部品購入・物流費・給与支払による出金などの，営業活動による現預金(キャッシュ)の流れは営業キャッシュフ

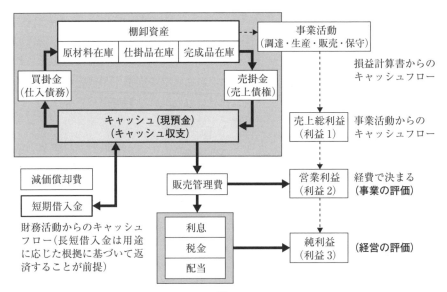

『マネジャーのための経営指標ハンドブック』[2]を参考に著者作成
図 1.2　キャッシュ(現預金)の流れ

ローと呼ぶ[2]。また，借入による入金や借入金の返済による現預金(キャッシュ)の流れは財務キャッシュフローと呼び，営業キャッシュフローと区別する。そのほかに設備投資，証券売買，不動産売買などの投資活動による現預金(キャッシュ)の流れは投資キャッシュフローと呼ぶ。

なお，本書は営業活動によるキャッシュの流れ(営業キャッシュフロー)を対象として，そのキャッシュ(現預金)の収支について述べる。財務キャッシュフローおよび投資キャッシュフローは本書の対象外とする。また，キャッシュの循環を日常の業務活動の仕組みとして具現化するための事業の体つき(事業構造)の考え方と，設計・構築の仕方については『知識創造時代の事業構造改革』(コロナ社，2012 年)[3]を参考にするとよい。

1.3　大切な純キャッシュの創出

1.3.1　営業キャッシュフローと棚卸資産

営業キャッシュフローの挙動はモノの流れとカネの流れが一致する点に着目

して整理することができる。営業キャッシュフローは，図1.2に示すように，企業外部に存在している原材料が仕入によって内部化され，製造によって付加価値が高められて完成品になり，その完成品を企業外部に販売して現金化される一連の過程を示している。実際に取引されるモノを会計上の測定結果として認識した姿が棚卸資産である。仕入に伴う支払（出金）と販売に伴う売上（入金）のみに着目するのではなく，企業内部でモノの姿となっている棚卸資産は姿を変えたカネであると理解することができる。したがって，棚卸資産は企業内部の活動状況を示す営業キャッシュフローの1つであるといえる。このように，棚卸資産の大きさ（在庫量）は企業内部の営業キャッシュフローの流れが円滑であるか否かを示しているといってよい。このことから，棚卸資産の計画と管理は経営を左右する重要な活動であるといえる。この計画が在庫計画と呼ばれる経営活動であり，商売に必要な在庫量を計画することは営業キャッシュフローを計画することと同義であるといえる。

しかし，多くの企業において，「在庫管理」というと原材料，製品，商品などの現品の入出庫，発注，棚卸実査を意味し，営業キャッシュフローの観点から棚卸資産を計画・統制するという「在庫計画」はほとんど手付かずであるという問題を抱えている。

1.3.2 営業キャッシュフローとキャッシュ（現預金）収支の違い
(1) 純キャッシュの創出

製造企業における営業キャッシュフローは，貸借対照表のキャッシュ（現預金）を中心に販売による売上の入金（キャッシュイン）と仕入・製造による諸経費の出金（キャッシュアウト）と棚卸資産残高（完成品在庫，仕掛品在庫，原材料在庫）の流れと考えることができる。営業キャッシュフロー計算は，この流れに信用取引による信用残高（売掛金，買掛金）が加わり，固定資産の減価償却費（実際のキャッシュは動かない）を加えて計算される[2]。信用残高は決済期間の長さで，減価償却費は法律の定めにより決まると考えることができる。また，実際の会計処理においてはその他にも営業キャッシュフローを増減させる販売管理費，利息，税金，配当などがある。しかし，本書では企業が独立して生き残っていくための必須条件を「営業活動が生み出す売上総利益の範囲で短期借入金の返済を可能にすること」とおき，評価関数を式(1.1)，式(1.2)で示

すように仮に設定する。その理由は、短期借入は1年後に返済する約束であり、1年以内に返済するための原資が借入額以上の純キャッシュとして生まれていなければならないからである。そこで、短期借入金返済の能力を評価する式(1.2)の右辺を除して左辺に移項すると短期借入金に対する売上総利益の比率を示す式(1.3)になり、短期借入金の返済能力を示す比率として指標化ができる。この指標(key performance indicator：KPI)を短期借入金返済能力比率(KPI_1)と呼ぶ。短期借入金返済能力比率 KPI_1 は式(1.3)で示すように($KPI_1 \geq 1.0$)の場合に短期借入金の返済能力があるといえる。

なお、短期借入金返済能力比率(KPI_1)は会計領域のテーマであり本書の主要なテーマではない。しかし、在庫の持ち方や事業の体つきを設計する際の前提になる。在庫にかかわる挙動の結果を判断する際の参考情報として活用する。

当期売上総利益 = 当期売上高 − 当期売上原価　　　　　(1.1)

当期売上総利益 ≥ 当期短期借入金　　　　　　　　　　　(1.2)

短期借入金返済能力比率 $KPI_1 = \dfrac{当期売上総利益}{当期短期借入金} \geq 1.0$　　(1.3)

(2) 間接法による営業キャッシュフローの計算方法

間接法による営業キャッシュフローの計算方法には式(1.4)と式(1.5)の2通りがある[2]。

当期営業キャッシュフロー = 当期営業利益 + 当期減価償却費　(1.4)

または、

当期営業キャッシュフロー =
(当期現預金 + 当期売掛金 + 当期棚卸資産)
− (当期買掛金 + 当期短期借入金)　　　　　　　　　　(1.5)

まず、損益計算書で計算する方法が式(1.4)である。式(1.4)ついて、右辺第2項の減価償却費は当期において実際の現預金の入金が発生していないということに注意が必要である。減価償却費は過去において設備投資により出金済みの現預金であり、その出金済み投資を費用化して当期に回収しているに過ぎな

い。当期の実際の現預金の入金は営業利益のみである。

次に，貸借対照表の勘定で計算する方法が式(1.5)である。式(1.5)について，右辺第3項の棚卸資産は当期末までの過去において生産活動や調達活動により現預金は出金済みであり，その費用を棚卸資産計上して来期以降に回収する予定であることを示しているに過ぎない。次期以降の売れる時点において現金化される。現時点においては入金の約束がないということに注意が必要である。

式(1.4)と式(1.5)の計算結果は同じくなる。ここで，当期営業キャッシュフロー計算は，実際の現預金の入金と出金の時期が当期と異なっている項目(減価償却および棚卸資産)が含まれていることに注意が必要である。

このように，当期に発生していないキャッシュ(現預金)の収支がキャッシュフローに計上されるため，当期の実際のキャッシュ収支と営業キャッシュフローは内容が異なる。

(3) キャッシュ収支の計算方法

本書ではキャッシュ収支(cash in/out)と営業キャッシュフロー(cash flow)と区別する。そこで，キャッシュ収支は式(1.6)で示すように当期の現預金に対する収入と支出の差に相当すると定義する。またキャッシュ収支の目標値は(キャッシュ収支≧0：キャッシュ収支は正の値であること)と設定する。

$$当期キャッシュ収支 = (当期現預金 + 当期売掛金) \\ - (当期買掛金 + 当期短期借入金) \quad (1.6)$$

次に，営業キャッシュフローの式(1.5)の右辺第3項の棚卸資産を左辺に移項すると式(1.7)が得られる。この式(1.7)の右辺は式(1.6)のキャッシュ収支の定義と同じであり，式(1.8)で示すことができる。

$$当期営業キャッシュフロー - 当期棚卸資産 = \\ (当期現預金 + 当期売掛金) \\ - (当期買掛金 + 当期短期借入金) \quad (1.7)$$

$$当期営業キャッシュフロー - 当期棚卸資産 = 当期キャッシュ収支 \quad (1.8)$$

キャッシュ収支の目標値はプラスであることが望ましいことから，営業キャッシュフローは棚卸資産を上回る場合にキャッシュ収支がプラスになるということがわかる。これらのことから「式(1.6)～式(1.8)はともにプラスであること」という目標を設定することができる。そこで，キャッシュ収支を求める式(1.6)を変形して支出に対する収入の比率を求めると式(1.9)で示すようなキャッシュ収支の状況を示す比率として指標化ができる。この指標(key performance indicator：KPI)をキャッシュ収支比率(KPI_2)と呼ぶ。キャッシュ収支比率 KPI_2 は式(1.9)で示すように($KPI_2 \geq 1.0$)の場合にキャッシュ収支が健全である(キャッシュは回っている)といえる。

なお，キャッシュ収支比率(KPI_2)は会計領域のテーマであり本書の主要なテーマではない。しかし，仕損，不良，市場対策，買い過ぎなどの供給側要因による過剰または不良な在庫状況を判断する際の参考情報として活用する。

$$キャッシュ収支比率 KPI_2 = \frac{(現預金＋売掛金)}{(買掛金＋短期借入金)} \geq 1.0 \qquad (1.9)$$

1.3.3 企業存続を左右するキャッシュ収支の目標設定

(1) キャッシュ収支の源泉

キャッシュ収支は，単純化して考えるならば営業活動による現預金の入金(売上高)に対して，製造にかかわる諸経費(製造原価)と販売にかかわる諸経費(販売管理費)の支出の差分を求めることにより生み出される。そのため，式(1.10)で示す売上高から売上原価を減じた売上総利益と，式(1.12)で示す売上総利益から販売管理費を減じた営業利益が最も重要な経営指標といわれる。

$$当期売上総利益＝当期売上高－当期売上原価 \qquad (1.10)$$

$$当期売上原価＝期首棚卸高＋当期生産(仕入)高－期末棚卸高 \qquad (1.11)$$

$$当期営業利益＝当期売上総利益－当期販売管理費 \qquad (1.12)$$

売上総利益は売価と原価の関係から，また，外乱要因として為替変動による売価の急落と原価の急騰により悪化する。一般に(売価＞原価)になるように原価企画において原価構成が設計される。そこで本書は売上総利益の段階において原価割れ(売価≦原価)が発生していない状況を想定して述べる。

(2) 短期借入金の返済原資

次に、営業活動に必要な短期借入金の返済能力（返済のための原資）の考え方を整理する。高畑は運転資金（運転資本）の求め方を ｜運転資本＝（受取手形＋売掛金＋棚卸資産）－（支払手形＋買掛金）｜ と示し、（運転資本＞短期借入金）の関係が良いとしている[4]。この考え方の背景には棚卸資産は未実現の入金であり、未来において販売されるという暗黙の了解がある。

しかし、すでに過剰と思われる在庫が積みあがっているような場合、在庫の積み上げで出金が増え短期借入している状況が発生していると考えることもできる。また、営業キャッシュフロー計算上は式(1.5)からわかるように棚卸資産を加算しているので良い数値に見える。そして、資金が回転しているのでさらに借入が可能であると誤判断し、さらに借入が増えていくという悪循環に陥ることになる。このように考えると短期的に見れば、短期借入金の返済能力は営業活動により生み出される式(1.10)の売上総利益が上限と考えて差し支えない。すると、式(1.2)で示すように短期借入金は売上総利益を下回ることが望ましいといえる。

このような理由から、額の多少にかかわらず短期借入金が慢性的に年々増加する傾向にある場合、その要因を明らかにし、その要因を取り除くことは経営管理者にとって企業存続にかかわる重要な仕事である。なお、短期借入を有効に活用することは財務活動の有効な手段の1つである。その返済は借入用途に応じた根拠に基づくのがよいと考える[4]。そこで、本書は、営業キャッシュフローのうち「在庫保有に必要なキャッシュおよび短期借入は売上総利益の範囲内」がよいと考える。また、営業キャッシュフローのうち減価償却費により生まれるキャッシュは長期借入の返済または資本準備金に戻すための原資と考えることにする。

(3) キャッシュ収支の悪化要因

キャッシュ収支が悪化する主要な要因は式(1.1)から為替相場や商品相場の価格変動による売価の急落と原価の急騰があげられる。次に、式(1.12)から当期の販売管理費が増加する場合であることがわかる。そして、式(1.5)と売上原価を求める式(1.11)から棚卸資産が増加した際に、出金が増えて実際の入金がないことによる現預金不足に陥る場合であることがわかる。この3つの要因

のうち，売価の急落，原価の急騰，販売管理費の増加によるキャッシュ収支の悪化は式(1.12)で示すように当期の営業利益の減少として表面化するので誰もが早期に発見することが可能である．

　一方で，棚卸資産の増加によるキャッシュ収支の悪化は次に示す4つの理由により見落とすことが多いという問題がある．その理由(1)は重要な経営指標である式(1.10)の売上総利益と式(1.12)の営業利益から棚卸資産の増減は直ちに読み取れないという点である．次の理由(2)は式(1.5)の営業キャッシュフローに棚卸資産が示されていても近い未来において販売するために保有している在庫であると思い込んでしまうという点である．さらに理由(3)は理由(2)と関連して式(1.11)の売上原価の算出方法からわかるように，当期に限定すれば棚卸資産を増やすと当期の売上原価が下がり，売上総利益が増える点である．また理由(4)は当期キャッシュフロー計算書を見ても資金調達した結果の姿を示しているので，資金調達前の姿は直ちに読み取れないという点である．

　このように，棚卸資産(在庫)を適正に計画・管理することは，事業経営に必要な純キャッシュの収支を左右する重要な経営課題である．

第2章

財務諸表と在庫の関係

2.1 財務諸表と単位期間の設定

2.1.1 単位期間

　時間を表現するにあたり1単位期間の長さをUt(unit term)として，ある期間の長さを単位数と単位期間の長さで表現する。

　例えば，会計年度の場合，図2.1に示すように1会計年度=1期間=1年間=365日と仮定する。そして，1会計年度は式(2.1)で示すように単位数と単位期間の長さで関係づける。

$$1 年間 = 365 日 = 単位数 \times 単位期間の長さ Ut \qquad (2.1)$$

　これは，式(2.1)を用いて1年間を四半期という単位で表現すると1単位期間=91.25日で単位数は4個(1～4四半期)，月という単位で表現すると1単位期間=30.42日で単位数は12個(1～12月)，週という単位で表現すると1単位期間=7.01日で52個(1～52週)，日という単位で表現すると1単位期間=日で365個(1～365日)に，それぞれ換算する。財務諸表で一般に活用される単

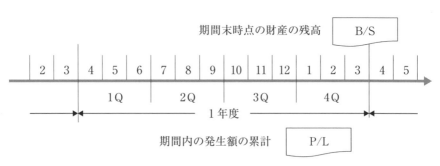

図2.1　単位期間

位は年間，四半期である．また，企業内部の計画・管理に一般に使用される単位は月，週，日である．単位期間の設定は計画・管理を円滑に行うための重要な考え方である．

単位の選択は被測定対象物の実像を描くにふさわしい大きさが採用される．また，実際の測定はその 1/10 の単位で行うと計画に対する進捗を測定し監督・指導できるようになる[3]．

2.1.2 計画・管理と単位期間

経営層から社外の利害関係者に対して行われる事業経営の業績報告は，四半期ごとに有価証券報告書が義務づけられている．そのために管理層は経営層に対して 1/10 の単位で事業を計画・管理するとよい．四半期の長さは月に換算すると 3 カ月，週に換算すると 13 週，日に換算すると約 91 日である．したがって，四半期決算が求められるようになってからは 1/10 の長さに近い「週単位」での計画・管理が求められることになる．かつて，社外の利害関係者への業績報告が年度報告の時代は 1 年間を 12 個に細分して月単位での計画・管理で経営することができた．四半期決算が求められるという経営環境の変化は，計画・管理の時間単位を月から週に変えることを求めているといえる．

同様に，管理層が現場層を管理監督していくためには週単位の 1/10 に近い長さで計画・監督・実行が求められる．例えば，週 5 日稼働の工場生産においては $5 \times 1/10 = 0.5$ 日単位での作業命令・実績報告が目指す姿と考えてよい．あるいは，年中無休の営業状況の事業の場合は四半期＝約 91 日なので，暦日基準で $91 \times 1/10 = 0.9$ 日とし，少々粗くなるが 1 日を単位期間とするのも現実的と考える．すでに，日本のほとんどの製造・流通企業において現場層の報告は日単位かそれより細かい単位で行われている．このような現実を踏まえ，本書では現場層の計画・監督・実行は日単位で考える．

2.2 財務数値の単位期間表現

2.2.1 売上高の単位期間表現

損益計算書 P/L の値は図 2.1 に示すように決算単位期間の集計である．例えば，売上高は四半期決算であれば四半期あたり売上高であり，年度決算であれ

ば年あたり売上高である。そこで、売上高を単位期間で除すことにより単位期間あたりの単位金額に換算することができる。当期単位期間あたり売上高 Urv (unit value of revenue) は単位期間の長さ Ut から式(2.2)で算出する。具体的には1日あたり売上高＝年間売上高/365 となる。

$$当期単位期間あたり売上高\ Urv = \frac{当期売上高}{Ut} \qquad (2.2)$$

金額は(＝量×単価)なので単位期間あたり単位金額を活用するとさまざまな応用が可能になる。Urv の単位は ｛(量×単価)／時間｝ である。具体的には売上を構成する多数の品目の加重された平均単価を1単位価格とすれば、(単位期間あたり金額÷1単位価格＝単位期間あたり数量)として扱うことができる。また、構成する多数の品目の加重された平均量を1単位量とすれば、(単位期間あたり金額÷1単位量＝単位期間あたり単価)として扱うことができる。

2.2.2 売上原価の単位期間表現

売上原価についても、売上高と同様に単位期間あたり売上原価に換算することができる。当期単位期間あたり売上原価 Usc (unit value of sales cost) は単位期間の長さ Ut から式(2.3)で算出する。Usc の単位は ｛(量×単価)／時間｝ である。また、加重された単位金額、もしくは単位量で除したと仮定して単位期間あたり売上原価を単位期間あたり量、もしくは単位期間あたり単価として扱うことができる。

$$当期単位期間あたり売上原価\ Usc = \frac{当期売上高}{Ut} \qquad (2.3)$$

2.3 単位期間を用いた棚卸資産の時間表現

2.3.1 棚卸資産の滞留期間

貸借対照表 B/S の値は図2.1に示すように決算時点の財産残高である。そこで、単位期間あたり売上原価 Usc を用いて式(2.4)で示すように計算すると、棚卸資産は時間に換算される。式(2.4)の計算結果の単位は時間である。例えば、棚卸資産高が100M¥(1億円)とする。1日あたり売上原価 Usc＝1M¥(100万円)とすると棚卸資産の滞留期間 $Tinv$ (term of inventory) は100日とな

る。もし，1週あたり売上原価 $Usc=7\mathrm{M¥}$（700万円）とすると14.3週となる。

$$\text{当期棚卸在庫滞留期間 } Tinv = \frac{\text{当期棚卸資産高}}{Usc} \tag{2.4}$$

また，棚卸資産は在庫の種類別に完成品在庫，仕掛品在庫，原材料・部品在庫，その他在庫に内容を分けて計上する。これにより在庫の種類別に期末時点の在庫残高がわかる。そこで，種類別の在庫を滞留期間という時間単位に換算し，在庫計画理論で使用する供給リードタイムと関係づける。

これにより在庫にかかわる財務数値は単位期間あたりの（量×時間）の姿で表現可能となる。また，現場で発生する在庫にかかわる諸現象は単位期間あたりの（量×時間）の姿で測定する。これにより，管理層は経営数値と現場の諸現象について，本書第Ⅱ部で述べる在庫計画理論による工学的な根拠による理解と判断ができるようになる。こうして経営層，管理層，現場層の三者の間で在庫適正化の活動は「共有化」「見える化」することが可能となる。

2.3.2　種類別の在庫滞留期間

完成品在庫の滞留期間（term of products）は式（2.4）の分子項を完成品在庫高として計算し，式（2.5）に示す。

$$\text{当期完成品在庫滞留期間 } Tpr = \frac{\text{当期完成品在庫高}}{Usc} \tag{2.5}$$

仕掛品在庫の滞留期間（term of work in process）は式（2.4）の分子項を仕掛品在庫高として計算し，式（2.6）に示す。

$$\text{当期仕掛品在庫滞留期間 } Twp = \frac{\text{当期仕掛品在庫高}}{Usc} \tag{2.6}$$

原材料・部品在庫の滞留期間（term of material）は式（2.4）の分子項を原材料・部品在庫高として計算し，式（2.7）に示す。

$$\text{当期原材料・部品在庫滞留期間 } Tmt = \frac{\text{当期原材料・部品在庫高}}{Usc} \tag{2.7}$$

2.4 品目別の売上総利益と在庫水準

2.4.1 在庫による利益喪失の見える化
(1) 日常の管理活動における在庫適正化の必要性

　前節において在庫状況は業績が集計される1年，半年，四半期の活動後の財務諸表に現れることを示している。しかし，活動後の集計結果を経営層が把握した段階で後戻りはできない。日常の現場活動や管理活動と在庫の挙動が結びついていなければ早期に異常を発見することができず改善のための手が打てない。改善につなげるためには現場活動層と管理層が共通して理解できる品目単位の仕組みにしなければならない。

　そこで，本書では，売上を計上して入金し，また，原材料・部品を仕入れて出金するのは品目ごとの完成品・商品であるという実務の基本に立ち返る。具体的には，品目ごとにキャッシュを生み出せているかを判断する考え方について示す。これは，年度末，四半期末，月末に「業績を集計してみないと状況がわからない」というのでなく，「日常の現場活動・管理活動の中でキャッシュが生み出せているかいないかを把握し，警告が出せる」ように在庫計画を使いこなしていくという考え方である。本節では，どのような状況の時に手元に残る純キャッシュがプラスになるかを考える。

(2) 純キャッシュがプラスになる状況

　品目ごとに純キャッシュがプラスになる状況とは各品目の売上総利益がその品目の棚卸資産を上回るということである。加えて，販売管理費，金利，税金などの諸費用の出金がある。しかし，これらの諸費用は品目ごとに発生する費用ではない。また，現場層や管理層で発生させているのでもない。そこで，工程管理や販売進捗管理を任されるような現場に近い管理層が考慮するのは，品目ごとに売上総利益がその品目の棚卸資産を上回っているかどうかに着目することでよいと考える。また，販売部門や製造部門のような大きな部門を任される上級管理層においては，販売管理費や製造間接費などの組織単位で発生・統制する諸費用を含めて，（売上総利益－管理費）がその部門で扱う品目の棚卸資産合計を上回っているかどうかに着目することでよいと考える。

2.4.2 品目ごとの売上総利益と棚卸資産の交叉比率

(1) 在庫による利益喪失の見える化

在庫の保有が利益を損なうことについては 1.1 節のコンビニ弁当の在庫廃棄例で示したとおりである。弁当は腐りやすいので廃棄しなければならないが，腐らない原材料，製品を扱う製造企業において，在庫を廃棄しなければこの損失は表面化しない。しかし，表面化しない不良在庫(不良資産)が増加すると，キャッシュが生み出せない状況に陥り，この状況は水面下に隠れてしまう。このような状況が習慣化して事業体質として定着化することは恐ろしいことである。そこで，「キャッシュが生み出せない状況」について品目ごとに「見える化」する考え方を図 2.2 に示す。図 2.2 の縦軸は品目の単価を示し売価を 1.0 としたときの比率である。単価の価格構成は品目の当期売上原価率 Rsc (ratio of sales cost) と品目の当期売上総利益率 Rgm (ratio of gross margin) で構成される。売上原価率 Rsc は式(2.8)で求める。売上総利益率 Rgm は式(2.9)で求める。$Rsc + Rgm = 1.0$ である。また，品目の営業利益率は，式(1.12)を応用して品目の当期売上総利益から部門共通の一般管理費配賦分を減じて求める。そして，その品目の売上高に対する営業利益の比率である品目の当期営業利益率 Rop (ratio of operating profit) は式(2.10)で求める。

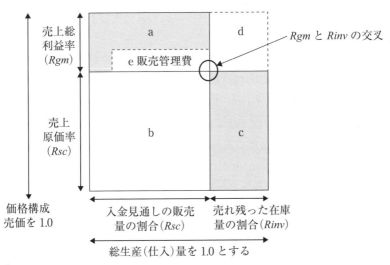

図 2.2 品目ごとの売上総利益と棚卸資産の関係

第2章 財務諸表と在庫の関係

$$品目の当期売上原価率 Rsc = \frac{品目の当期売上原価}{品目の当期売上高} \tag{2.8}$$

$$品目の当期売上総利益率 Rgm = \frac{品目の当期売上総利益}{品目の当期売上高} \tag{2.9}$$

$$品目の当期営業利益率 Rop = \frac{品目の当期営業利益}{品目の当期売上高} \tag{2.10}$$

図2.2の横軸は品目の総生産量で総生産量を1.0としたときの比率である。品目の当期総生産量の構成は、売り上げた分が総生産量の中で占める割合（すなわち品目の当期売上原価率 Rsc）と、売れ残った分が総生産量の中で占める割合（すなわち品目の当期棚卸資産率 $Rinv$, ratio of inventory）で構成される。品目の棚卸資産率 $Rinv$ は式(2.11)で求める。$Rsc + Rinv = 1.0$ である。

$$品目の当期棚卸資産率 Rinv = \frac{品目の当期棚卸資産}{（品目の当期売上原価 + 品目の当期棚卸資産）} \tag{2.11}$$

（縦軸の単価×横軸の数量）の面積は金額を示している。面積(a)は品目の売上総利益である。面積(b)は品目の売上原価である。面積(c)は品目の棚卸資産高である。面積(d)は在庫が売れ残ったために発生している未実現の売上総利益である。

売上原価は品目ごとに式(1.11)を用いて（＝期首棚卸資産＋総生産高－期末棚卸資産）で算出する。この例は期首棚卸資産＝0である。総売上高(a+b)が入金総額で、総生産高(b+c)が出金総額である。式(1.6)から、キャッシュ収支＝(a+b) − (b+c) = (a−c) となる。また、キャッシュが生まれるのは式(1.9)から、(a/c>1) の場合である。したがって、売上総利益＞棚卸資産の場合にこの品目はキャッシュが生まれていると考えることができる。この生み出されるキャッシュからさまざまな管理費用、例えば販売管理費(e)などが支出されるので、最終的に $\{[(a−e)/c] > 1\}$ が望ましい。これらのことから、売上総利益率 Rgm と棚卸資産率 $Rinv$ を活用して在庫過多による利益喪失が発生しているかを「見える化」することができる。

2.4 品目別の売上総利益と在庫水準

(2) 売上総利益率と棚卸資産率の交叉

次に，利益喪失の見える化のための「総利益棚卸資産交叉」とその指標である「総利益棚卸資産交叉比率」について示す。1.1 節で例示したコンビニ弁当は廃棄損が即日表面化するので利益喪失がわかりやすい。しかし，腐らない製品を製造している企業の場合に，一般に死蔵品や退蔵品と呼ばれる過剰在庫が実質的に利益喪失を起こしているにもかかわらず，棚卸資産として残り続ける。あるいは，供給能力不足などの理由で当期に造り置きして当期以降に販売しようとする場合，当期に利益は発生せずにキャッシュ収支のみが悪化する。これにより，キャッシュ収支と利益が乖離し，棚卸資産が多すぎることによるキャッシュ収支の悪化がわかりにくくなる。また，在庫適正化活動を推進する際，品目ごとに在庫不足が起こらないように顧客対応したい。一方で，在庫を持ちすぎるとキャッシュ収支が悪化する。そこで，品目ごとに手持在庫量の上限と下限の在庫水準を理論値で求めておき，上限の水準を超えないように，または，下限の水準を下回らないように管理・運用する。しかし，現実の販売活動において注文の月末集中や年度末集中などを考慮して，その対応のために販売部門の判断で在庫を多めに積むことがある。そして，結果的に過剰在庫が月末や期末のキャッシュ収支を悪化させるという問題が発生する。

(3) 利益喪失を「見える化」する指標 KPI_3

このような問題に対応するために，在庫を保有することを前提とした事業向けに，キャッシュ収支の視点から品目ごとにどれくらいまで在庫保有が可能かを示す目安を示す指標(key performance indicator：KPI)を設定する。この指標は図 2.2 の縦軸で示す品目の売上総利益率 Rgm と横軸で示す品目の棚卸資産率 $Rinv$ が交叉する位置が $Rgm = Rinv$ に相当することから品目の総利益棚卸資産交叉と呼び，棚卸資産率 $Rinv$ に対する売上総利益率 Rgm の比率を品目の総利益棚卸資産交叉比率(KPI_3)と定義し，式(2.12)に示す。$KPI_3 \geq 1.0$ の場合，在庫による利益喪失は生み出したキャッシュの範囲内にあると考えることができる。あるいは，キャッシュが回っていることを判断する指標となる。

$$\text{品目の総利益棚卸資産交叉比率} \; KPI_3 = \frac{Rgm}{Rinv} \geq 1.0 \qquad (2.12)$$

2.4.3 純キャッシュを生み出す在庫水準の見える化

次に,品目ごとの営業利益から純キャッシュを生み出してしているかについて検討する。品目の当期営業利益率 Rop と品目の当期棚卸資産率 $Rinv$ の比率を示す指標(key performance indicator：KPI)を設定する。これを品目の営業利益棚卸資産交叉比率(KPI_4)と定義し,式(2.13)に示す。$KPI_4 \geq 1.0$ の場合,純キャッシュを生み出していると考えることができる。また,$KPI_4 > 1.0$ となるように在庫の適正化活動に取り組む。

$$品目の営業利益棚卸資産交叉比率 KPI_4 = \frac{Rop}{Rinv} \geq 1.0 \qquad (2.13)$$

これまで見てきた式(2.8)〜式(2.13)は,品目ごとに確認することを想定している。棚卸資産の適正化活動にあたり,各品目の必要在庫量は本書の第Ⅱ部で述べる在庫計画理論に沿って理論計算できる[1]。そこで,実際の棚卸資産が理論上の必要在庫量を上回る場合は在庫削減活動を推進する。また,実際の棚卸資産は理論上の必要在庫量に近いにもかかわらずキャッシュ収支が悪化している場合は,理論上の必要在庫量が多すぎると考えられる。その場合は,適正在庫位置の見直し,生産方式の見直し,計画サイクル短縮,供給リードタイム短縮,需要のばらつき改善などの事業構造の見直しを行い,キャッシュを生み出せる水準の必要在庫量にできるよう抜本的な改善活動が必要になる。

次に,これまで見てきた各品目の式(2.8)〜式(2.13)について,事業全体を概観する指標を設定する。この指標は当期売上高総費用比率 KPI_5 と定義し式(2.14)に示す。事業が扱う全品目 n 件を合計すると事業の全体像が描ける。当期総費用は,(＝売上原価＋一般管理費＋棚卸資産)の合計である。この指標のうちの棚卸資産について当期の増減分,すなわち(＝当期末棚卸資産－前期末棚卸資産)で算出すると当期のみの状況が把握できる。当期増減分のみ｛当期総費用＝当期売上原価＋当期一般管理費＋(当期末棚卸資産－前期末棚卸資産)｝で算出すると 1.0 を超えるが,当期末棚卸資産で算出すると 1.0 を下回るケースがほとんどである。これは,在庫による利益喪失が累損を生み出していることを示している。

$$事業の売上高総費用比率 KPI_5 = \frac{\sum_{i=1}^{n} 売上高(n)}{\sum_{i=1}^{n} 総費用(n)} \geq 1.0 \qquad (2.14)$$

第3章

キャッシュを生み出す在庫計画

3.1 事業計画と部門別業務計画

3.1.1 部門ごとの管理目標

在庫計画は図3.1に示すように,生産,販売,需要予測,物流,調達,財務会計,管理会計,資金会計のはざまに位置する。在庫は図1.2で示すようにキャッシュの循環経路であり,事業経営に必要な運転資金と密接な関係にある。資金会計では資金収支,投資・回収を管理している。

財務会計では現預金,棚卸資産,買掛金,売掛金を管理している。管理会計では売上高,売上原価,販売管理費を管理している。販売計画は売上高予算を達成するために必要な需要予測,売上高,販売管理費,販売予算達成に必要な完成品在庫を管理している。生産・物流は販売予算達成に必要な完成品の供給

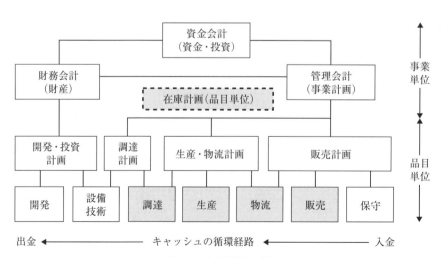

図3.1 在庫計画の位置

(生産)計画を立案し，品質管理，原価低減を管理している。調達計画は供給に必要な原材料・部品調達し，少しでも安く購入できるように管理している。このように，それぞれの部門が，その部門の本来の活動に注力すればするほど，それぞれの部門にとって在庫は直接的な業績向上の管理指標につながりにくくなり，在庫にかかわる適正化の取組みの優先順位は下がる傾向にある。

3.1.2　部門管理と在庫計画の管理指標の関係

はざまに埋もれてしまいそうな在庫計画が果たしている役割について，前節までに示した5つの指標（KPI_1〜KPI_5）の関係性を図3.1に重ね合わせて表現したのが図3.2である。棚卸資産（在庫）は，貸借対照表（B/S）の1つの勘定科目に過ぎない。この図からわかるように，出金，入金，運転資金，借入と返済，営業利益からの純キャッシュの創出，のすべてにかかわりあっている。これら

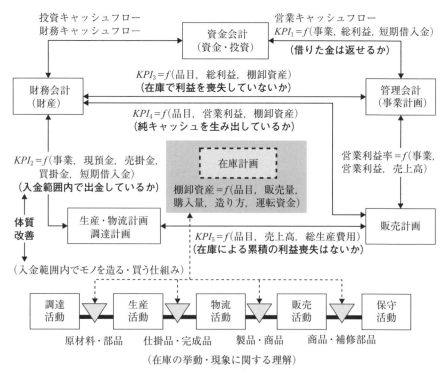

図3.2　在庫計画の管理指標の関係

のかかわり合いの中で，投資キャッシュフロー，財務キャッシュフロー，営業キャッシュフロー，営業利益率はよく知られている。

しかし，棚卸資産(在庫)はこのように重要な経営管理項目であるにも関わらず，従来は，現品の生産・販売・物流の現場における現品の受払・棚卸実査，程度の認識であり，現場層・管理層に任される改善テーマレベルとされる。本書で紹介する在庫計画は，第Ⅱ部で述べるような「在庫にかかわる現象」を理解したうえで経営層，管理層，現場層を連携する考え方なので，事業経営においてキャッシュを生み出すことに役立つと確信する。

3.2 「売れた分造る」の由来

始めに，少々長くなるが池淵浩介氏(元トヨタ自動車副会長)が2002年に著者の母校で「トップが語る現代経営」と題するご講演の中で触れられた「売れた分造る」の該当部分について引用し，確認する[5]。

> トヨタ生産方式が，どういった背景で生まれてきたのかについてお話しいたします。今からちょうど50余年前の昭和25年(1950年)頃，今と同じようなデフレ不況が起こりました。トヨタは，非常に苦境に陥りました。お金がないし，銀行の支援もほとんどなく，いわゆるキャッシュフローが，大変，悪くなりました。自動車産業の中で，トヨタが一番苦しい状況にあり，まさに倒産の危機に瀕したわけです。…(中略)…他社は欧米各社との技術提携もいたしました。トヨタも提携をしようとしたのですが，結局は，お金がないために，うまくいかなかったわけです。トヨタには「金がない，技術もない，あったのは人だけ」という状況でした。…(中略)…当時は，在庫を持つような，それほど贅沢なお金はない。要は，1台車が売れたら，そのお金で材料を買って来る，ということしかなかったんです。ですから，不良品など造っている余裕がないです。せっかく買ってきたものを不良にしたら，売る物ができないわけです。そういったことから，悪いものは造らないような仕組みを作ろう，ということで，「人偏の付いた自働化」という1つの柱と，もうひとつは，「ジャスト・イン・タイム」，必要なものを必要なだけ必要な時に造る，という，この2つを会社再建の方針にしたの

> ですね。それが今の「トヨタ生産方式」と言われるようになったのであって，学者から学んでできたものであるとか，学者の研究から生まれた，というのではなく，会社再建の戦略として，必要に迫られて生み出されたものだったのです。

　講演内容から，当時のキャッシュ不足という経営危機が現在に再現されるように伝わってくる。その要点を現代風に言えば，「1台車が売れたら，その入金するお金で材料を買って支払うという最も基本的なキャッシュマネジメント」と，「買った物を不良にしたら売るものができないという品質マネジメント」である。すなわち，
　(a)　入金範囲内でモノを買う，
　(b)　不良を作らない・売らない，
　(c)　この2点は会社再建の戦略である，
という3点に整理できる。そして，「入金範囲内でモノを買う」という経営戦略を「ジャスト・イン・タイム」生産方式として現場で実現させ，その仕組みによりキャッシュが改善していったというトヨタの事実である。この事実は，入金範囲内でモノを買うという需給調整の仕組みが実現できれば，その仕組みはキャッシュ改善に貢献することになるということを示唆しているといえる。

　しかし，実際には，モノを造るには供給リードタイムが必要であり，売る時期にモノを間に合わせようとすると供給リードタイム分先行して造らなければ商売ができない。そのため，材料・部品の購入費用と，造るための操業にかかわる諸費用が先に出ていく。そして，これらは部品・材料，仕掛品として，また，完成品は売り上げるまでの間，製品・商品として，それぞれ棚卸資産として流動資産に計上される。これらの棚卸資産は一般に在庫と呼ばれ，売上計上による入金(キャッシュイン)見通しよりも供給リードタイム分先に出金(キャッシュアウト)が発生する。このような「売上計上と仕入計上の時間差で発生する在庫」を確保するための資金量が不足する場合は短期の資金繰りでお金を借り入れることになる。この短期借入金は一般に運転資金(運転資本)と呼ばれる。

　昭和25年当時，自動車産業は戦後復興の旗艦産業である。事業規模拡大のために売上を伸ばそうとすれば運転資金も潤沢に用意する必要がある。同業他

社は政府の指導もあり銀行などから資金応援を受けることができた。しかし，当時のトヨタ自動車の経営状況は銀行から運転資金の調達ができないほど苦しい状況であり倒産の危機に瀕していたのである。

このような状況下で大野耐一氏を中心として大変なご苦労・ご努力を積み重ねられて今日のトヨタ生産方式「ジャスト・イン・タイム方式」が構築されていった[6][7]。

また，近年の情報技術の発展は目覚ましい進歩をしているので昭和25年当時のような試行錯誤を繰り返すことはなく，かなりの部分はシミュレーションによって在庫にかかわる挙動が理解できるようになっている。そこで，本書では，次節の演習に続いて，第II部においてカップリングポイント在庫計画理論に基づく在庫計画の考え方を解説し，「入金範囲内でモノを買う・造る」という仕組みについて述べる。第III部では近年の情報技術を活用した統計処理に基づく在庫適正化の進め方について述べる。

なお，本書は在庫と事業経営にかかわる内容のためトヨタ生産方式については詳しく触れない。参考文献［11］［12］を参照されたい。

3.3 財務諸表からの分析事例

3.3.1 在庫と事業経営状況のまとめ

第I部では在庫の持ち方による事業経営状況について検討してきた。その内容を要約すると表3.1のようになる。分析対象企業が日本企業の場合，必要な財務諸表データは金融庁のインターネットWEBページ「金融商品取引法に基づく有価証券報告書等の開示書類に関する電子開示システム」通称EDINETから入手できる。

　　EDINET：http://disclosure.edinet-fsa.go.jp/

分析は対象企業のグループ連結決算数値を使用する。分析目的に応じて提出会社の単体決算数値を参考にするのもよい。連結決算数値から単体決算数値を減ずるとグループ企業に存在する在庫状況を推察することができるからである。例えば，連結財務諸表の商品・製品在庫が30億円で報告されていて，提出会社の単体財務諸表の商品・製品在庫が5億円で報告されているとすると，その差分の25億円はグループ関連企業の製品在庫として保有されていること

第3章 キャッシュを生み出す在庫計画

表3.1 在庫状況を把握する指標のまとめ

No.	指標	指標名	指標の意味	目的
1	KPI_1	短期借入金返済能力比率	$KPI_1 = \dfrac{売上総利益}{短期借入金} \geq 1.0$ （事業単位の参考指標）	借りた金は返せるか
2	KPI_2	キャッシュ収支比率	$KPI_2 = \dfrac{(現預金+売掛金)}{(買掛金+短期借入金)} \geq 1.0$ （事業単位の参考指標）	入金範囲内で出金しているか
3	KPI_3	品目の総利益棚卸資産交叉比率	$KPI_3 = \dfrac{Rgm}{Rinv} \geq 1.0$	在庫で利益を喪失していないか
4	KPI_4	品目の営業利益棚卸資産交叉比率	$KPI_4 = \dfrac{Rop}{Rinv} \geq 1.0$	純キャッシュを生み出しているか
5	KPI_5	売上高総費用比率	$KPI_5 = \dfrac{\sum_{i=1}^{n} 売上高(n)}{\sum_{i=1}^{n} 総費用(n)} \geq 1.0$ 当期総費用＝当期売上原価＋当期一般管理費＋（当期末棚卸資産－前期末棚卸資産）を採用すると当期のみの KPI として使用できる（事業単位，品目 n）	在庫による累積の利益喪失はないか

がわかる．同様に，事業セグメント別に分けて財務諸表がわかれば，事業ごとの特徴を把握することができる．

3.3.2 自動車部品メーカ S 社の事例

S 社は主力事業の自動車部品製造と，コア技術を生かして流通業で使用する店舗設備を製造する企業である．2007年度（2008年3月）の年商は2637億円，リーマンショック後の2009年度（2010年3月）は一時的に1946億円に下がったが，2014年度（2015年3月）には3069億円まで業績回復している．2007年度から2014年度（2008年3月〜2015年3月）までの資金と在庫にかかわる分析を図3.3に示す．

在庫回転数は2007年度（2008年3月）の売上高基準で6.5回転，売上総利益545億円，営業利益107億円，営業利益率4.1％，短期借入金は122億円で，特別に優れた経営状況ではないが短期借入金返済能力比率 KPI_1 は4.46で安定

3.3 財務諸表からの分析事例

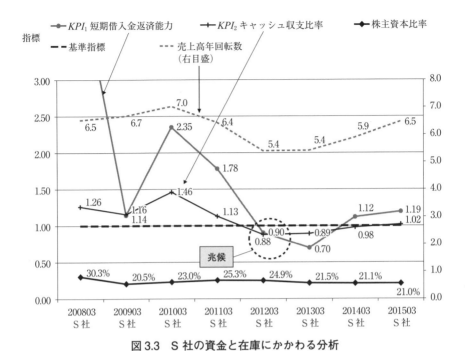

図 3.3　S 社の資金と在庫にかかわる分析

した経営であった。2008 年度 (2009 年 3 月) はリーマンショックの影響を受け営業赤字となった。2009 年度, 2010 年度 (2010 年 3 月, 2011 年 3 月) は円高の影響があり, 売上高は 2150 億円前後で伸び悩み, 営業利益は約 50 億円にとどまり, 2007 年度水準に回復せず危機感を募らせていた。

また, 在庫回転数は 2010 年度の 7.0 回転をピークに 2010 年度 (2011 年 3 月) 6.4 回転, 2011 年度 (2012 年 3 月) 5.4 回転と悪化した。2011 年度 (2012 年 3 月) においてキャッシュ収支比率 KPI_2 が 0.88 と 1.0 以下になり資金不足が始まる兆候を感じ取り, 図 3.4 に示す品目別の総利益と在庫にかかわる分析 (合計) を試みた。その結果, 品目の総利益棚卸資産交叉比率 KPI_3 は 0.92 と悪化しており, 売上高総費用比率 KPI_5 (単年度) は 1.0 で不足していないが, 長期借入金の次年度返済分を考慮すると資金不足が懸念される事態が想定された。そこで, 2012 年度 (2013 年 3 月) は事業別に各品目の総利益棚卸資産交叉比率 KPI_3 を活用して, 営業管理者, 工場の生産管理者と本書で述べる原理・原則を学びながら品目ごとに根気強く在庫適正化・現場改善の活動を推進した。

29

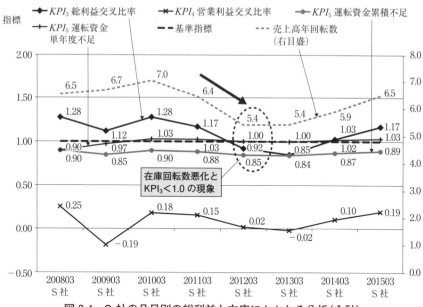

図3.4 S社の品目別の総利益と在庫にかかわる分析（合計）

努力の甲斐あって，2013年度，2014年度（2014年3月，2015年3月）は年商回復とともに在庫回転数は6.5回転に戻り，確実にキャッシュが生まれる体質に変わりつつある。しかし，短期借入金返済能力比率KPI_1は1.19にとどまり2007年度（2008年3月）の4.46にまでは回復していない。少し気を抜くと在庫はすぐに増えるので，本書の第Ⅱ部に示すような抜本的な体質改善に取り組む必要がある。

このように，経営状況と在庫状況は密接につながっている。売上高に対する在庫回転数の増減傾向分析だけでは在庫とキャッシュの関係はつかめない。本書で紹介するKPI指標がなければ，どの程度の危機状況であるかについて生産管理者と営業管理者が共通の認識を持つのは難しい。

3.3.3　総合電機メーカP社の事例

P社は電子機器用の部品製造，家庭電気製品など総合的な電気機器製造企業である。2007年度（2008年3月）の年商は約3兆4177億円，リーマンショック後の2009年度（2010年3月）は一時的に2兆7559億円に下がったが，その後

3.3 財務諸表からの分析事例

の業績は芳しくなく 2014 年度(2015 年 3 月)には 2 兆 7862 億円である。2007 年度から 2014 年度(2008 年 3 月〜2015 年 3 月)までの資金と在庫にかかわる分析を図 3.5 に示す。

在庫回転数は 2007 年度(2008 年 3 月)の売上高基準で 7.5 回転, 売上総利益 7550 億円, 営業利益 1836 億円, 営業利益率 5.4％, 短期借入金は 1477 億円で短期借入金返済能力比率 KPI_1 は 5.11 で安定した経営である。2008 年度(2009 年 3 月)はリーマンショックの影響を受け営業赤字となる。2009 年度, 2010 年度(2010 年 3 月, 2011 年 3 月)の営業利益は 519 億円, 788 億円であるが, 円高の影響を受けて売上は 3 兆 219 億円, 2 兆 4558 億円と伸び悩み 2008 年度水準に回復していない。また, 在庫回転数は 2008 年度(2009 年 3 月)7.1 回転, 2009 年度(2010 年 3 月)6.7 回転, 2010 年度(2011 年 3 月)6.2 回転, 2011 年度(2012 年 3 月)4.7 回転と悪化している。2012 年度(2013 年 3 月)8.0 回転, 2013 年度(2014 年 3 月)9.9 回転, 2014 年度(2015 年 3 月)8.2 回転と改善しているが, 2012 年度(2013 年 3 月)において短期借入金返済能力比率 KPI_1 が 0.39 と 1.0 以

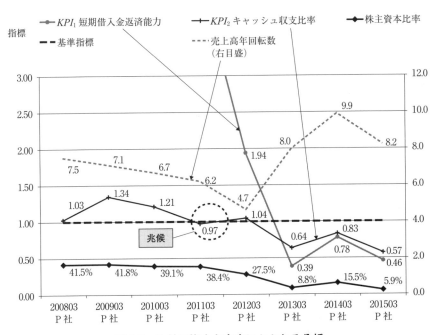

図 3.5 　P 社の資金と在庫にかかわる分析

第 3 章　キャッシュを生み出す在庫計画

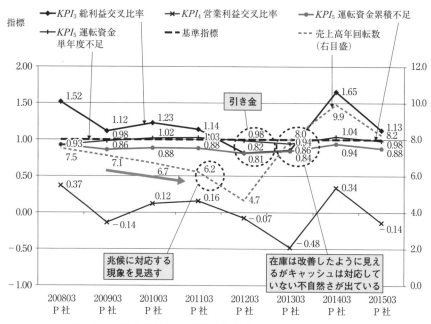

図 3.6　P 社の品目別の総利益と在庫にかかわる分析（合計）

下になり，2013 年度（2014 年 3 月）0.78，2014 年度（2015 年 3 月）0.46 と回復が見えない。

短期借入金返済能力比率 KPI_1 が激減するのは 2010 年度（2011 年 3 月）4.43 から 2011 年度（2012 年 3 月）1.94 である。その前年 2010 年度（2011 年 3 月）のキャッシュ収支比率 KPI_2 は 0.97 と 1.0 を下回り兆候が感じられる。

そこで，図 3.6 に示す品目別の総利益と在庫にかかわる分析（合計）を試みる。兆候が出ている 2010 年度（2011 年 3 月）の売上高は前年度より 3000 億円伸びていることにより総利益棚卸資産交叉比率 KPI_3 は 1.14 でキャッシュが回る状況にあり，在庫回転数が下がったという現象を見逃している。そして棚卸資産の増加は 2011 年度（2012 年 3 月）の総利益棚卸資産交叉比率 KPI_3 が 0.82，2012 年度（2013 年 3 月）0.86 と 2 年連続で 1.0 を下回ることにつながる。また，売上高総費用比率 KPI_5（単年度）は 2011 年度（2012 年 3 月）0.98，2012 年度（2013 年 3 月）0.94 と 1.0 以下で資金不足に陥り，短期借入金の借り換えが増えて，資金不足に陥る。さらに自己資本が大きく減少する。兆候が表面化するのは，

キャッシュが回る指標の総利益棚卸資産交叉比率 KPI_3 が 1.0 を下回る 2011 年度(2012 年 3 月)からと考えられる。

その後，棚卸資産の評価減などの施策は実施されている。しかし，会計上の評価減と現場での在庫適正化は活動の意味が異なる。評価減は利益を喪失させるだけでキャッシュは生まない。兆候は 2010 年度(2011 年 3 月)のキャッシュ収支比率 KPI_2 が 1.0 を下回ったときに読み取れている(図 3.5, 図 3.6)。

3.4　在庫とキャッシュの演習

第 I 部で学んだ在庫と事業経営の関係について演習を通して理解を深める。演習は，以下の手順で進める。

① 2〜4 人程度でグループを編成する。グループでグループ人数×2 倍程度の分析対象企業・事業を選定する。同業種の複数社，異業種の複数社，など分析結果の討議において参考になるような選び方をする。

② 金融庁のインターネット Web ページ「金融商品取引法に基づく有価証券報告書等の開示書類に関する電子開示システム」通称 EDINET から有価証券報告書を過去にさかのぼって 5 年〜10 年分入手する。
EDINET：http://disclosure.edinet-fsa.go.jp/

③ 有価証券報告書を読み解き，表 3.2 を参考に，資産(No.1〜8)，負債(No.9〜11)，損益(No.12〜7)の数値を写し取る。数値の単位は事業規模に応じて¥単位，M¥(100 万円単位)，G¥(10 億円単位)のいずれでもよい。

④ 企業で本演習を実施する場合は③④について自社の財務情報を活用する。

⑤ 表計算ソフトを活用して分析数値(No.30〜43)を算出する。

⑥ ⑤の分析数値から分析指標 KPI_1〜KPI_5(No.18〜27)を算出する。

⑦ 必要に応じて表 3.2 をグラフ化してわかりやすく表示する。

⑧ 分析した内容から何が読み取れるか，兆候が感じられるか，などについて，グループメンバで討議する。

⑨ 学生の演習の場合，討議結果をレポートにまとめ課題として提出する。企業で本演習を実施する場合は改善施策の提言につなげる

第3章 キャッシュを生み出す在庫計画

表3.2 在庫状況を把握する指標のまとめ

NO.	区分	金額単位 M¥(100万円)	決算時期 2011年3月	2012年3月	・・・
1	資産	現預金			
2		売掛金			
3		商品・製品在庫			
4		仕掛在庫・建設仮勘定			
5		部品・原材料在庫			
6		その他在庫未着品・貯蔵品			
7		棚卸資産合計			
8		資産合計			
9	負債	買掛金			
10		短期借入金			
11		株主資本			
12	損益	当期売上			
13		売上原価			
14		売上総利益			
15		販売管理費			
16		営業利益			
17		当期純損益			
18	KPI₁	短期借入金返済能力			
19		返済能力危険			
20	KPI₂	キャッシュ収支比率			
21		資金警告			
22	KPI₃	総利益交叉比率			
23		利益喪失警告			
24	KPI₄	営業利益交叉比率			
25		純キャッシュ警告			
26	KPI₅ (累積)	運転資金累積不足			
27		在庫改善警告			
28	KPI₅ (単年度)	運転資金単年度不足			
29		在庫改善警告			
30	分析	原価率(Rsc)			
31		総利益率(Rgm)			
32		在庫含原価(売上原価+棚卸資産)			
33		在庫率(Rinv)			
34		売上高年回転数(売上高/12)			
35		売上高/日(Urv)			
36		売上原価年回転数(売上原価/12)			
37		売上原価在庫月数(カ月分)			
38		売上原価在庫週数(週分)			
39		売上原価在庫日数(日分)			
40		売上原価/日(Usc)			
41		棚資合計日数(Tinv)			
42		完成品日数(Tpr)			
43		仕掛日数(Trp)			

第 II 部

在庫に関する現象の理解
(Understand phenomenon of inventory)

　第 II 部では，現場で現実に存在する物品が在庫の挙動として現れる物理的な現象について，現場視点で把握する。解説内容はテキスト『経営視点で学ぶグローバル SCM 時代の在庫理論』の第 3 章「発注方式の基礎」，第 4 章「カップリングポイント在庫計画」，第 5 章「最適化在庫補充方式」の部分に相当する[1]。詳細を学びたい方は本書と合わせて参照するとよい。

第4章
需要と供給の調整方式と供給指示方法

4.1 供給の指示方法

　供給の指示方法とは何らかの加工工程に対して，何を，いつまでに，どのくらいの量を，どの水準の品質で，いくらくらいで，造れ，というような供給の指示を加工工程に対して指示する方法のことである。供給の指示方法は指示内容の根拠に応じて図4.1で示すように6種類ある。
　① 現品・現物の到着による指示は，パレットや通箱に入っている現品を根拠として指示する。外注先への支給品指示などに用いられる。
　② 装置の連続操業維持による指示は，高炉，化学プラント，鋳造などの長期間連続運転を必要とする装置を用いる加工の場合に用いられる。装置の停止・再起動によるエネルギー損失が大きいなどの理由で装置の運転を続けなければならないことを根拠として何らかの品目の加工を指示する場合に用いられる。
　③ 在庫水準維持のための在庫計画による指示は，在庫計画を根拠として補充量を指示する。
　④ 販売計画による指示は，販売部門の販売計画を根拠として供給を指示する。販売計画は対前年同期比較の業績などのほかに当年度の業績目標値で設定されることが多い。そのため実績値より高めになる場合が多い。
　⑤ 需要予測による指示は，市場での需要予測を根拠として供給を指示する。
　⑥ 確定注文による指示は，顧客からの注文を根拠として供給を指示する。
　これら6種類の供給指示方法は単独で用いられる場合もあれば組み合わせて用いられる場合もある。また，①現品・現物の到着による指示と，⑥確定注文による指示を除く他の4種類の指示の根拠は見込に相当する。

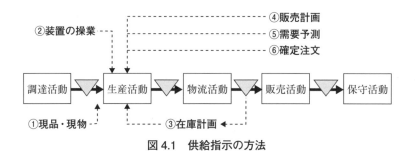

図 4.1　供給指示の方法

　加工現場においては見込を根拠とするか確定注文を根拠とするかにかかわらず，供給指示（加工命令，製造指図など）に基づいて供給活動が動き出す。そのため，供給指示を作成するための根拠の作り方が重要となる。一般に供給指示方法と実際の供給方法は連携しているので，その組み合わせ方に応じて生産管理，操業管理と呼ばれる管理方法が決まる。本書は第Ⅰ部で述べる「入金範囲内でモノを造る，買う」を目指してキャッシュを生み出す仕組みの構築を目指すので，③在庫計画を根拠とする供給指示を基本として解説をする。なお，供給指示方法と供給方法を結びつけるための具体的な計画・管理のあり方は生産管理システムの領域なので本書の対象外とする。

4.2　プッシュ型需給調整方式

4.2.1　プッシュ型需給調整方式の挙動

　プッシュ型供給（押込み生産）方式は図 4.2 に示すように需要が確定して注文を受け付けてから生産工程の先頭に生産（供給）指示する供給方式である[8][9]。一般に受注生産方式で用いられる。
　この方式を見込需要に対応させて活用しようとするとさまざまな問題が発生する。見込需要に対応するためには需要予測，販売計画，生産計画などの事業計画の策定期間に合わせて年間，四半期，月間で量を見積る。そのため，量は製品群や需要地域・供給地域などで集計された大きな値になる。この値から日々のオペレーション用の値を計画しようとしても詳細計画は週割・日割のような均等割にならざるを得ない。その結果，日々の消費動向との差は在庫の過不足という現象として表れる。また，この過不足を調整しようとして在庫が多

第4章 需要と供給の調整方式と供給指示方法

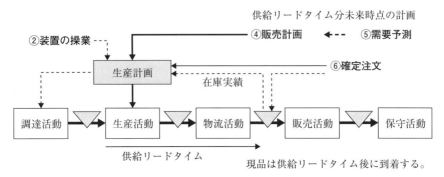

図4.2 プッシュ型需給調整方式の見込需要への適用

すぎる場合は供給量を減らし，在庫が少なすぎる場合は供給量を増やす。すると，それらの増減結果は供給リードタイム後に入庫される。そのため，供給リードタイム分の時間が経過する未来時点において，その時点の消費動向と入庫（到着）量の差は，再び在庫の過不足という現象となって表れる。本質は，当期の供給計画を策定することが目的の方式であり，供給リードタイム分の未来時点までの販売計画の総量を満たすように，予定の在庫量を見て供給量を調整しているにすぎない。

このように，供給量を計画するプッシュ型需給調整方式は在庫量の過不足を調整しているように誤認させる。供給量を計画する仕組みを活用して在庫量の計画・調整にも併用しているという認識が適切である。

また，プッシュ型需給調整方式のための計画方式は，確定注文によって生産計画を作る場合にフォワード計画方式になり，見込需要によって生産計画を作る場合にバックワード計画方式になる。バックワード計画方式は未来の販売計画を手前に持ってきて当期の計画を作成するという意味からバックワード方式の計画と呼ばれる。バックワード計画方式は供給リードタイムより納期が短すぎて間に合わないと部品などの手配日付が過去日付になって作業命令が出されるという計画方式自体の矛盾を持っている点に注意が必要である。この矛盾解決のためにスケジュールをやりくりすることになる。このやりくりがスケジューリングの難しさを生む要因の1つとなる。それに対して，フォワード計画方式は当期の計画投入に対して常に未来方向の計画が作成される。そのため，計画作成時の能力制約などの諸制約はことごとく未来方向への供給リード

タイムの間延びとして現れる。しかし，未来のことなので未来に向けてこれから何らかの調整することで対応が可能である。例えば，要求納期に間に合わない場合は納期回答して納期を調整する。

このように，プッシュ型需給調整方式の基本的な挙動は確定注文に対して供給量を調整する仕組みである。その仕組みのまま確定需要の代わりに何らかの需要予測を根拠に販売計画を作成し，そのとおりに供給計画を作るということは在庫の計画は考慮していないに等しい。

したがって，プッシュ型需給調整方式において在庫量が安定するのは，多めに安全在庫量を保有していることにより安定する場合か，需要量が安定している場合である。需要量が激しく乱高下する場合，供給リードタイム期間のタイムラグを伴って在庫の過不足が発生するということは避けられない仕組みである[10]。そこで，需要量の乱高下に対応しようとすると短サイクルに供給量を変更・調整することと，タイムラグの影響を少なくするために供給リードタイムを短縮することにより，計画調整能力の向上を図ることが求められる。

このようにして，最終組立工程の改善により完成品在庫の適正化が実現すると，次は部品，原材料の在庫の過不足が表面化することになる。

4.2.2　プッシュ型需給調整方式の企業間連携の挙動

確定需要のためのプッシュ型需給調整方式を，本来の用途と異なる見込需要に対応させようとして発生する諸問題は，多段に連なる企業間連携（一般にサプライチェーン：supply chain）に適用すると在庫適正化は一段と難しくなる。例えば，材料加工企業，部品加工企業，機構・ユニット組立企業，製品組立企業，製品販売企業の5段階に連なる企業間のサプライチェーンの例を図4.3に示す。

下流側の製品販売企業において当期 T に販売するための供給は製品組立企業において（$T-1$ 期）に計画する。また，製品組立において（$T-1$ 期）に組み立てるための供給は機構・ユニット組立企業において，販売企業から見た（$T-2$ 期）に計画する。同様に，材料加工企業において，製品組立企業の（$T-1$ 期）に組み立てるための供給は，販売企業から見た（$T-4$ 期）に計画する。このような時間経過の見方を変えて，上流側の材料加工企業の当期における供給計画を起点に考えると，その根拠は製品販売企業の（$T+4$ 期）の販売計画に求めるこ

第 4 章 需要と供給の調整方式と供給指示方法

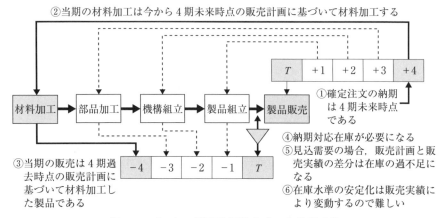

図 4.3 プッシュ型需給調整方式の企業間連携

とになる。

したがって，確定注文に基づく受注生産の場合，

① 確定注文の納期は 4 期未来時点である。

一方で見込需要の場合，

② 材料加工は当期から 4 期未来時点の販売計画に基づいて材料加工する，

③ 販売は 4 期過去時点の販売計画に基づいて材料加工した製品である，

④ そのため，顧客が要求する納期に間に合わない場合，納期対応が可能な位置に見込需要のための納期対応在庫を保有することになる，

⑤ 見込需要の場合，販売計画と販売実績の差分は在庫の過不足になる，

⑥ 在庫水準は販売実績により変動するので安定化が難しい，

といった現象が表面化する。

このように，プッシュ型需給調整方式を多段に連なる企業間連携のサプライチェーンに採用すると，需要変動の影響は供給リードタイム分の遅延を伴いながら在庫水準の変動として現れる。また，未来時点の販売計画（需要予測）に基づいて供給を指示するので出金が先行し，その出金分の入金が確約できるかどうかは販売計画の精確度に依存するという仕組みになる。一般に販売部門は需要に対する販売目標を高めに設定し，その目標にむけて供給リードタイム分手前の時期から多目に供給を開始する。そのため，後になって在庫過剰になり資金不足に陥る場合があるので注意が必要である。

4.3 プル型需給調整方式

4.3.1 プル型需給調整方式の挙動

プル型供給(引張り生産)方式は図 4.4 に示すように需要が繰返し発生するような場合の供給方式である。この方式はカンバン方式または後工程引取生産方式と呼ばれトヨタ生産方式の一部として提唱されている[6][7][11][12]。この方式は見込需要に対応させて活用する場合にさまざまな利点がある。最も大きな利点は,

① 需要計画と需要実績の差分を吸収するために,あらかじめ設定する工程間つなぎ在庫量が用意される,

② 在庫水準はつなぎ在庫量以上に変動しないので在庫水準が安定化する,

という特徴がある。

工程間つなぎ在庫量は販売計画を参考に,(カンバン枚数×カンバンサイズ)が必要在庫量になるように計算され,需要変動に応じてカンバン枚数の増減調整を行う[11][12]。具体的には,確定注文によって出庫指示・払出されて現品に付したカンバンが外れると,そのカンバンを上流工程に回送し,カンバンサイズで指定した量の供給を指示する。これにより在庫の過不足への対応は現場での現品・現物の動きを反映することができる[11][12]。また,販売計画に対する必要在庫量の調整は売れる速さを観察しておいて,カンバンが外れたときに上流工程に回送(供給指示)するか回送しないかで調整する。改善活動は供給指示に対する到着が早くなるように供給リードタイム短縮を図り,また,カンバン

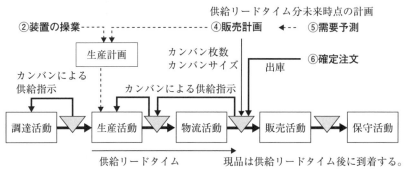

図 4.4　プル型需給調整方式の見込需要への適用

第4章 需要と供給の調整方式と供給指示方法

サイズを小さくして多頻度化を図ることにより，少ない在庫量で注文に対応することが可能になるようにする。

確定注文によりつなぎ在庫から出庫を指示するということは注文に対応する売上と入金が約束されるということである。また，出庫した量（売上と入金）に対応してカンバンが外れ，それが根拠となって上流工程に供給指示されるということは購入と出金が入金につながっているということである。このように，プル型需給調整方式はカンバンの回送によって売れた分を造るという動作により「入金範囲内で出金する」という仕組みが実現される。

4.3.2 プル型需給調整方式の企業間連携の挙動

繰返し需要のためのプル型需給調整方式を多段に連なる企業間連携（一般にサプライチェーン：supply chain）に適用すると在庫適正化は一段と改善する。例えば，材料加工企業，部品加工企業，機構・ユニット組立企業，製品組立企業，製品販売企業の5段階に連なる企業間のサプライチェーンの例を図4.5に示す。

下流側の製品販売企業において当期 T に販売するための在庫は製品組立企業において（カンバン枚数×カンバンサイズ）分だけ準備済みである。当期 T で売れた分はカンバンが外れて製品組立企業に回送され製品の供給指示となる。製品組立企業はその供給指示に基づいて（$T+1$ 期）に製品を供給する。これにより製品組立企業で払い出した機構・ユニットのカンバンが外れて機構組立企業に回送され機構・ユニットの供給指示となる。機構組立企業はその供給指示に基づいて（$T+2$ 期）に機構・ユニットを供給する。これにより機構組立企業

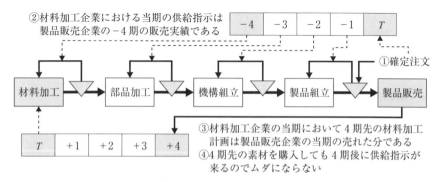

図 4.5 プル型需給調整方式の企業間連携

で払い出した部品のカンバンが外れて部品加工企業に回送され部品の供給指示となる。部品加工企業はその供給指示に基づいて($T+3$期)に部品を供給する。これにより部品加工企業で払い出した材料のカンバンが外れて材料加工企業に回送され材料の供給指示となる。材料加工企業はその供給指示に基づいて($T+4$期)に材料を供給する。

このような時間経過を観察すると，下流側の製品販売企業で当期Tに売れた分の情報は＋4期後に材料加工企業への注文になることがわかる。これにより材料加工企業は4期先の加工に必要な素材を手配してもムダにならないということがわかる。同様に，下流側の製品販売企業の売れ行きが止まる場合は，連動して素材の手配を直ちに止めることができる。

4.4　補充型需給調整方式

4.4.1　補充型需給調整方式の考え方

補充型需給調整方式は需要が繰返し発生するような場合の供給方式である。この方式を理解するために従来からのデカップリング在庫の考え方を整理する。

(1) デカップリング在庫の考え方

デカップリング在庫の考え方は需要側と供給側が各々の効率を追求するという考え方である。例えば，需要側は販売のために在庫を切らしたくない，そして，納期対応するために在庫を保有する。供給側は平準化生産や品質安定化，段取り替えの損失を下げるために在庫を造りだめする。各々の効率を求めるには各々が干渉しあうことを避けたい。そのために，在庫を緩衝(buffer)として機能させて各々を切り離す(デカップリング：de-coupling)という考え方である。しかし，各々の効率を求めるとムダな在庫が増加する。そこで，各々の効率と全体の調和を図るために在庫量の最適解を数理的に解く。このときの数理的な解法を明らかにするための計算方法としてデカップリング在庫の考え方が理論として体系化されていった。

また，デカップリング在庫の考え方でのプル型供給方式は，必要在庫量からカンバンサイズと枚数を決める根拠として販売計画(需要予測)を使用する。そして，販売実績の反映はカンバンを回送する際に，そのカンバンを供給指示に

第4章 需要と供給の調整方式と供給指示方法

回送するか，外したままにするかどうかの判断による。

(2) カップリングポイント在庫計画の考え方

日立製作所が1993年に提唱しているカップリングポイント在庫計画に基づく在庫の考え方は，まず，在庫の発生は物理的な現象であると認識する[1][10]。そして，在庫にかかわる物理的な現象を6種類に整理し，それぞれは量の要素（消費量・需要量の実績）と時間の要素（供給リードタイムとサイクル）で表現されるとする。次に，量と時間の表現方法を活用すると，理論上の必要在庫量は需要予測の巧拙にかかわりなく供給側の物理的なリードタイムと需要側の出庫（消費・需要）量と補充のサイクル（時間）によって決まると考える。次に，納期対応（時間要素）在庫は量の要素と無関係にビジネス競争上の前提条件として与えられると考える。

これらをまとめると図4.6に示すように「品目ごとに需要側の要求納期が供給側の供給リードタイムと等しいか長い（大きい）位置に納期対応のための在庫位置を設定し，その位置で単位期間あたり需要量と単位期間あたり供給量が等しくなるように在庫補充すれば在庫量は適正に維持することができる」という考え方である。この納期対応の適正な在庫位置において需要と供給を結び付けることから，この在庫位置のことをカップリングポイント（結ぶ点）と呼ぶ。

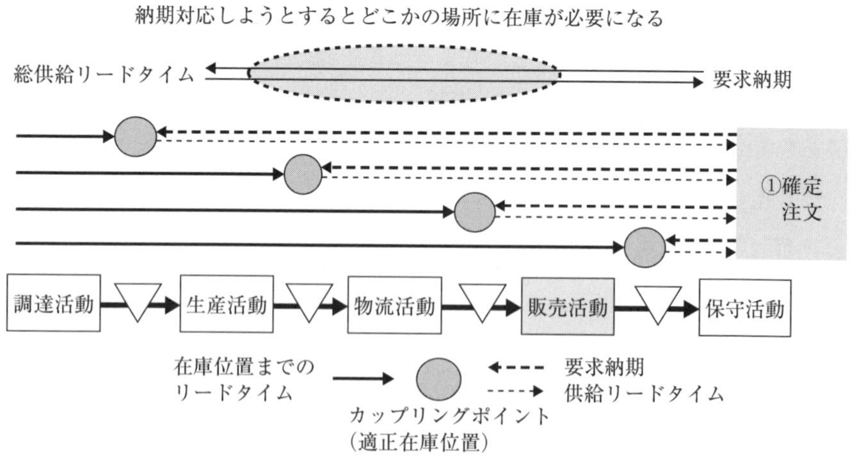

図4.6　カップリングポイント在庫計画理論の考え方

4.4 補充型需給調整方式

この考え方の特徴は，
(a) 上流側から適正在庫位置までの見込在庫分のリードタイムが確定する，
(b) これにより適正在庫位置で保有すべき必要在庫量が計算できる，
(c) 必要在庫量の計算根拠に需要実績の統計処理を用い，販売計画や需要予測を用いない，
(d) 単位期間あたり需要量と供給量を結び付けるための仕組みとその動作を理解するために最も原初的なダブルビン発注方式が見直される，
(e) 上流工程への供給指示は必要在庫量を維持することを目的として補充する，
(f) カップリングポイント（適正在庫位置）の設定により在庫位置より下流側は確定注文に基づく供給になる，

という点である。

このように需要実績の統計処理に基づいて必要在庫量を算出することから，カップリングポイント在庫計画の考え方に基づく補充型需給調整方式は「在庫計画方式」と呼ぶ。そして，需要と供給を切り離す（デカップリング）目的で保有するという在庫の考え方と，需要と供給を結びつける（カップリング）目的で保有するという在庫の考え方とで，在庫に対する考え方の違いがあるということを明示的に区別するために「カップリングポイント」と呼ぶ。カップリングポイント在庫計画の考え方の範疇には，「単位期間あたり需要量と単位期間あたり供給量が等しくなるように在庫補充する」という補充（発注）方式を含む。

4.4.2 補充型需給調整方式の挙動

必要在庫量の理論計算は見込需要に対応する場合にさまざまな利点となる。最も大きな利点は，図4.7に示すように，原理的には需要予測が不必要になることである[1]。その理由は，カップリングポイント（適正在庫位置）における必要在庫量の算出根拠は需要実績（確定注文，消費，出庫）の統計処理に基づくからであり，需要の予測は行わないからである。この図の例は販売活動の直前にある在庫位置をカップリングポイントとした例である。

また，補充要求を多段工程の先頭に指示するとプッシュ型供給方式になり，多段工程の後工程から順に前工程へと指示するとプル型供給方式になるという特徴がある。プッシュ／プルが共存するという特徴を活用すると，納期が長い

第4章　需要と供給の調整方式と供給指示方法

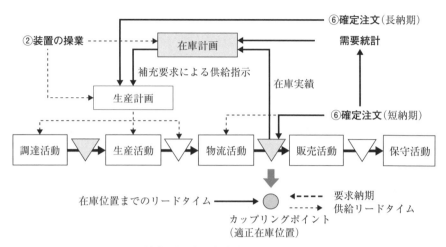

図 4.7　補充型需給調整方式の見込需要への適用

注文は確定注文として上流側の工程にプッシュ型供給方式で供給を指示し，納期が短い注文は下流側の工程にプル型供給方式で供給を指示するよう使い分けができるようになる。確定注文の納期が短い場合は販売活動の直前にカップリングポイントを設定し，その位置の在庫量を補充する。あるいは，注文時に在庫不足になる場合は，確定注文と同様に上流側に供給指示する。そのため，在庫計画に基づく供給側への指示は，供給側の生産計画から見ると，常に当期 T に受けて，供給リードタイム後の未来時点に完成すればよい，というフォワード型の計画になる。

加えて，多品目補充において各品目の余裕在庫率の考え方を活用すると，供給能力制約下での多品目の供給順序を計算により設定できるようになる。これにより，在庫水準を安定化させることと，在庫切れ率を低減させることが両立し，かつ，生産計画に対して補充(供給)要求する際に供給優先順位が付記されるので生産計画側のスケジューラの負担を軽減することができる。

4.4.3　補充型需給調整方式の企業間連携の挙動

繰返し需要のための在庫補充型需給調整方式を多段に連なる企業間連携(一般にサプライチェーン：supply chain)に適用すると在庫適正化は一段と改善する。例えば，材料加工企業，部品加工企業，機構・ユニット組立企業，製品

4.4 補充型需給調整方式

組立企業,製品販売企業の5段階に連なる企業間のサプライチェーンの例を図4.8 に示す.この図は製品販売企業からの確定注文に対して直ちに製品組立企業が製品を組み立て出荷する例である.そのために製品組立企業の入り口が適正在庫位置(カップリングポイント)になっている.そして,設定したカップリングポイントにおいて当期までの需要実績(部品の消費実績)を統計処理する.製品組立企業は組立に必要な機構部品などの在庫計画を策定し,上流側の機構組立企業,部品加工企業,材料加工企業に消費した分に相当する補充要求量を計算して発注する.

このように多段に連なる企業間連携に在庫計画に基づく補充型需給調整方式を用いると,確定注文に基づいて供給する際のフォワード計画方式とプル型供給方式の良さを引き継ぐごとができる.

これにより,
① 入金範囲内で出金するプル型供給方式の仕組みが作れる,
② 下流側企業は,当期 T の補充要求量が供給リードタイム後に適正在庫位置に到着し入庫されるので,在庫切れ予測が可能になる,
③ 上流側企業は,下流側企業の当期 T の需要実績が $T+n$ 期後の需要予定になるので,プッシュ型供給方式によって原材料・部品などの手配準備時間が確保できる,

という連携が期待できる.

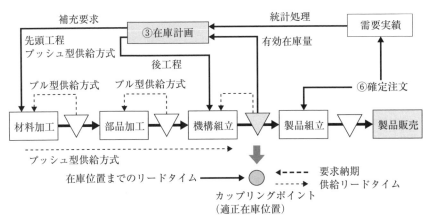

図 4.8 補充型需給調整方式の企業間連携

第5章

必要在庫量の計画

5.1 在庫の種類と計算方法

在庫は，6種類の姿で物理的に発生する[1]。それらは，見越し在庫，需要変動予防在庫，ロットサイズ在庫，輸送在庫，工程仕掛在庫，納期対応在庫である。これらの在庫量は量と時間の数式で示すことができる。これらの在庫は物理的に発生するのでデカップリング在庫の考え方，カップリングポイント在庫計画の考え方の両方において基礎となる知識である。

5.1.1 見越し在庫（戦略的在庫）

見越し在庫は季節の需要変動や供給設備の定期改修，災害時対応のための在庫などで，需要時点の総需要量（Q_0 とする）と，需要時点の総供給量（E_0 とする）の差分である。これは，経営の意思によって保有量が決められるので本書において戦略的在庫（strategic stock 0, S_0 とする）と呼ぶことにしその量の求め方は式(5.1)に示す。

$$戦略的在庫量 S_0 = |Q_0 - E_0| \tag{5.1}$$

5.1.2 需要変動予防在庫（安全在庫）

需要変動予防在庫は日常的な需要変動に対応するための安全在庫（safety stock, S_1 とする）である。これは，安全在庫量の公式として知られているように単位期間あたり平均需要量（average demand quantity, Qd とする）のばらつき（分散）を平方根で開いた標準偏差（standard deviation of demand, σd とする）を求めて算出する[13][14]。安全在庫は使われた分を補充しなければならない。そこで，補充要求してから現品が到着するまでの供給リードタイム

(supply lead-time, L とする)期間内にも需要のばらつきは存在していると考えるので(分散×供給リードタイム L)分のばらつきになる。ここで，これらのばらつきのどれくらいの割合に対応するかをサービス率という考え方で示す。サービス率は，正規分布のばらつき方の割合を累積して表す確率密度分布係数 k のことで，(標準偏差×確率密度分布係数 k) の範囲にサンプルの何％が含まれるかを示すものである。この考え方を活用してサービス率に対応する確率密度係数 k と標準偏差の積によって安全在庫量を求める。これにより確率的に発生する在庫切れは(1 − サービス率) となり，在庫切れの発生確率を制御できるようにする。このサービス率を示す確率密度係数 k のことを安全在庫係数(coefficient of safety stock, k とする)と呼ぶ。安全在庫量 S_1 の求め方は式(5.2)に示す[13][14]。一般に製造企業で使用するサービス率は 95％で安全在庫係数 k は 1.64 が多い。小売業を中心とした流通企業では在庫切れを避けるためにサービス率は 99％で安全在庫係数 k は 3.0 を使用する例が多いといわれている。これは決めごとなので，各企業が事業特性に応じて決めることでよい。

$$安全在庫量\ S_1 = k \times \sqrt{L+C} \times \sigma d \tag{5.2}$$

例えば，平均需要量 Qd が 100，その標準偏差 σd が 66，供給リードタイム L が 5 期，サービス率が 95％($k=1.64$)，とすると安全在庫量 S_1 は $S_1 = 1.64 \times \sqrt{5+1} \times 66 = 265.1$ となる。この安全在庫量は平均需要量 Qd の 2.65 倍の大きさである。また，標準偏差 σd が 33 とすると安全在庫量 S_1 は $S_1 = 1.64 \times \sqrt{5+1} \times 33 = 132.6$ となる。需要のばらつきが半分であれば安全在庫量も半分でよい。このように，需要のばらつきは在庫量の大きさと関係する。

5.1.3 ロットサイズ在庫

ロットサイズ在庫はロットまとめにより発生する在庫である。ロットの大きさ(ロットサイズ)はロットを消費する単位期間の需要量以上が必要になる。ロットサイズ在庫は消費されて最後はゼロになる。そのため，平均のロットサイズ在庫量は式(5.3)に示すように半分になる。ロットサイズ在庫量はロットの大きさで決まる在庫量であり，ロットの大きさ(ロットサイズ)の決め方は任意である。このことから，ロットサイズは輸送効率，生産効率などのコスト最小化という管理要件に基づいて決める場合がある。デカップリング在庫におい

てロットサイズの決め方は在庫量の最適解を求める OR(operations research)問題の変数として扱われることが多い。

なお，本書においてロットサイズの決め方について OR による最適解を求める方法は用いない。本書で紹介するロットサイズの求め方は，ムダを造らないという考え方のもとに，需要量と同期するよう需要統計を根拠として，在庫切れを発生させないロットサイズの算出方法である。その詳細は 5.6.2 項に示す。

$$\text{ロットサイズ平均在庫量} = \frac{\text{ロットサイズ}}{2} \tag{5.3}$$

5.1.4 輸送在庫

輸送在庫(stock in transportation)は現品輸送中の在庫である。輸送リードタイム L には，事務手続きから始まり，ピッキングして積載し，実際に輸送し，荷下ろし・開梱・受入・検収し，入庫計上するまでの所要時間が含まれる。単位期間あたり平均需要量が輸送リードタイム L 期の間，在庫として存在するので式(5.4)になる。

$$\text{輸送在庫量} = Qd \times L \tag{5.4}$$

輸送リードタイム L は単位期間の長さを 1 とした時の時間である。例えば，実際の輸送リードタイム L が 14 日の場合，単位期間の長さを日とすると輸送リードタイム L は 14 日であり，単位期間の長さを週とすると輸送リードタイム L は 2 週であり，単位期間の長さを月とすると輸送リードタイム L は 0.5 月である。

5.1.5 工程仕掛在庫

工程仕掛在庫(stock in process)は工程での仕掛中(work in process)の在庫である。工程リードタイム L には生産指示の事務手続き，部品や材料の調達所要時間，段取え替え時間などが含まれる。単位期間あたり平均需要量は工程に投入してから産出されるまでのリードタイム期の間，在庫として存在する。工程仕掛在庫量の求め方は式(5.5)に示す。

$$\text{工程仕掛在庫量} = Qd \times L \tag{5.5}$$

供給リードタイム L は単位期間の長さを1とした時の時間である。例えば，実際の供給リードタイム L が5日の場合，単位期間の長さを日とすると供給リードタイム L は5日であり，単位期間の長さを週とすると供給リードタイム L は 0.71 週であり，単位期間の長さを月とすると供給リードタイム L は 0.17 月である。

輸送在庫量と工程仕掛在庫量を求める式(5.4)と式(5.5)は待ち行列の式で，リトルの公式として知られている[13]。

5.1.6 納期対応在庫

納期対応在庫(stock for delivery)は需要側の要求納期に間に合わせるために保有する在庫である。納期対応在庫は納期対応位置への補充間隔期間（単位期間＝cycle, C とする）に消費される需要量以上の量が必要になり式(5.6)で示す。また，納期対応在庫量は消費されるとゼロになる。そのため，納期対応在庫量の平均は補充間隔期間 C の需要量の半分になる。

$$納期対応在庫量 = Qd \times C \tag{5.6}$$

式中の補充間隔期間 C は在庫を補充するための間隔の長さであり，また，需要発生状況を統計処理するための単位期間を意味し，計算上は常に1である。例えば，月を管理サイクルとすると月1回の補充のための発注を行うことを意味する。そのための平均需要量は月単位の平均量を統計によって求める。同様に，補充のための発注間隔の長さが週毎であれば平均需要量は週単位の平均量を，発注が日毎であれば平均需要量は日単位の平均量を求める。

5.2 在庫量計算方法の応用と課題

5.2.1 在庫量計算方法の応用

前節で示した6種類の在庫量計算方法を活用するとサプライチェーンマネジメント(supply chain management : SCM)系上の総在庫量は6種類の在庫の総和で示すことができる。6種類の在庫は調達・生産・輸送・納期対応在庫の保管倉庫など，SCM系上の上流から下流まであらゆるところで発生する。このことから，SCM系上の総在庫量は6種類の在庫の総和と考えることができ

第5章 必要在庫量の計画

る。すると，SCM系上で発生する総在庫量＝式(5.1)＋式(5.2)＋式(5.3)＋式(5.4)＋式(5.5)＋式(5.6)になる。そこで，量と時間がかけ合わさる式(5.4)，式(5.5)，式(5.6)を一本化して「単位期間・供給リードタイムあたり在庫量(略して期間必要在庫量)」と呼び，これをFdとすると式(5.7)に示す。単位期間・供給リードタイムあたり在庫量Fdは一般にパイプライン在庫量(pipe line inventory)と呼ばれる。これに戦略的在庫量S_0の式(5.1)と安全在庫量S_1の式(5.2)を加えると必要な在庫量は式(5.8)になる。これがデカップリング在庫における理論上の必要在庫量(necessary inventory，Inとする)である。

$$Fd = Qd \times (L+C) \tag{5.7}$$

$$\begin{aligned}In &= Fd + S_1 + S_0 \\ &= Qd \times (L+C) + k \times \sqrt{L+C} \times \sigma d + (|Q_0 - E_0|)\end{aligned} \tag{5.8}$$

この式を理解する際に単位期間Cは常に1になるように時間単位をそろえることである。1単位期間あたりの平均需要量はQd，その標準偏差はσd，単位期間を1とした時の供給リードタイムはLである。単位期間を月とすれば平均需要量Qdは月平均需要量である。同様に供給リードタイムが1カ月かかるとすれば$L=1$である。単位期間を週とすれば1カ月は52週／12カ月＝4.3週なので$L=4.3$になる。同様に，単位期間を月から週に細かくすると週平均需要量は概ね1/4になり標準偏差σdの値も変わる。

このように，必要在庫量Inの計算は時間要素の単位期間$C=1$になるように設定し，供給リードタイムLの時間単位も同じ時間単位になるように換算して品目ごとに計算する。また，単位期間の長さを小さくすると単位期間あたり平均需要量Qdが小さくなる。平均需要量Qdが小さくなると，その供給に必要な加工時間は少なくなり供給リードタイムLが短くなる。これにより，必要在庫量Inは少なくすることができる。

このことから，在庫削減の取組みの1つは所要時間(リードタイム)を短縮することにあるといえる。リードタイム短縮の取組みはIE(industrial engineering)による現場改善とIT(information technology)活用による業務改善・業務改革で推進する。もう1つの取組みは需要のばらつきσdを小さくすることによる安全在庫量S_1の削減である。この取組みは需要のばらつきが少なくなるような営業活動や商取引・契約の改善で推進する。

また，年間や月間の販売総量と供給総量は，細かい単位期間に分割して必要在庫量を計画することにより，実際に保有する在庫量は販売総量や供給総量よりも少なくすることができる。また，式(5.8)で示す必要在庫量 In はプッシュ型供給方式，プル型供給方式などの供給方式と関係なく，物理的に発生する在庫量である。したがって，モノの供給には物理的な供給リードタイムが伴うので，「需要予測が当たれば在庫は不要になる」と考えるのは誤りであるといえる。

5.2.2　月次サイクル在庫量計算の課題

　在庫理論は，1940年代に誕生したOR(operations research)によって体系が整備され，1960年代にはコンピュータの活用により，デカップリング在庫の考え方として集大成する。しかし，当時のコンピュータの計算速度は低速である。そのため，リアルタイム処理は夢であり，経営現場でのコンピュータ活用は，月次単位で締め処理を行うことが精一杯である。例えば，1年間の経営業績を管理しようとしても12個の月次集計データしか入手できない。このことは，在庫理論の活用において，データのサンプリング数がせいぜい12個程度にとどまる。そのため，大数の法則や中心極限の定理といった統計学上の前提が脆弱なまま実務展開に挑戦してきたことを意味する[15]。その結果，在庫理論は正しいということを理解していても，実務で活用しようとすると統計上の誤差が多くて使用に耐えないという悩ましさと対峙することになる。
　一方で，近年において，在庫に関する理論は1960年代に成熟しており，新たな研究分野は無いとする声がある。しかし，その声に耳を傾けてみると，たいていの場合，在庫理論を使いこなすための技術の古さを指摘していることが多い。理論は完成済みであり古典に属するといえるので，理論に踏み込む指摘はほとんどない。技術の古さを指摘するのであれば，新しい技術による応用の仕方の進化が研究されてもよいと考える。例えば，間歇需要の場合，実務においてダブルビン発注方式を活用すれば，需要発生間隔と供給リードタイムの関係を整理するだけで実用的な在庫マネジメントが現場レベルで実現できる。ダブルビン発注方式はエジプトのピラミッド建設時の住民たちがワインを注文するときに用いていたとされる4000年の歴史がある生活の知恵の方式である。この方式を「歴史上のある時期に使われた方法にすぎない」とするか在庫理論

の原理原則と考えるかは私たちの選択による。著者は，ダブルビン発注方式は在庫理論の原点であると考える。この方式は在庫理論の理解を深める重要な出発点である。ちなみに，前節で示した在庫量を計算する式(5.2)～式(5.5)を間歇需要に適用すると在庫量が多すぎて実用にならない。これは，私たちが常識としている在庫理論は部分的にしか成立していないという問題提起でもある。

また，経済ロットサイズ(EOQ：economic order quantity)理論の考え方を用いて段取り改善による1個造りの経済性が説明できる[1][12]。しかし，EOQ理論は現在ほとんど用いられない。その理由は，在庫を保有したいと思う部門と削減したいと思う部門が考える最適解が異なるためである。数学的最適解は各部門の最適解と一致しなければ部門間の現実のパワーゲームの中に埋もれてしまい実用化されない[3]。これは理論と経営のはざまに起こる問題である。

同様の問題として，在庫問題が対象とする在庫適正化は企業の流動資産の領域である。それにもかかわらず，在庫問題解決の評価方法は利益最大化という損益問題の評価方法にすり替わってしまう傾向にある。多くの研究報告を見ていると問題の設定領域と評価方法が一致していない。事業経営において(原価＜売価)は前提である。したがって，1.1節で述べたとおり売上総利益は，在庫量と関係なく必ず生まれる。生まれた総利益の範囲内に経費を抑えるため，在庫にかかわるを経費を削減することは重要な取組課題である。在庫が存在しなければ在庫費用は不要になる。したがって，在庫費用については在庫問題といわないで経費削減問題として取り組むのがわかりやすい。

同様に，キャッシュ・コンバージョン・サイクル(CCC)という評価の考え方がある。この中に売掛金回収期間と買掛金支払期間と棚卸資産回転期間がある。売掛金回収期間と買掛金支払期間は商取引上の契約問題であり在庫問題ではない。棚卸資産の回転期間は在庫問題である。その解決は期間(時間)の短縮であり，供給リードタイムとマネジメントサイクルの短縮である。したがって，リードタイム短縮，月次計画方式の週次化，あるいは日次化に取り組まないで在庫削減のみを要求しても原理上，棚卸資産の回転期間は短縮できない。どうしても在庫計画理論が必要になる。

5.2.3　週次サイクル在庫計画の実用化

このように，現代は在庫理論の混乱期といえる。この混乱期に先人達によっ

5.2 在庫量計算方法の応用と課題

て集大成されたデカップリング在庫の理論体系を否定するのではなく，これを原典と定めて時代と技術の変化に応じた新しい考え方を加えて，より実用的な在庫理論にしようと試みているのがカップリングポイント在庫計画である。この試みは情報処理技術(information technology：IT)の進化を背景にマネジメントサイクルを月次から週次に短サイクル化することにより，需要統計のためのデータサンプル数を52週(52個)まで増やすことが可能になり，在庫計画の実用段階を迎える。これは時宜を得ていて，まさに注目に値する。そこで，本書のオリジナルテキストである「グローバルSCM時代の在庫理論」の1.5節，1.6節，4.7節に記されている在庫理論に対する考え方の例を2～3示す[1]。

例えば，在庫は量と時間の関係で説明できる物理現象であるという考え方は興味深い。デカップリング在庫理論においては手持在庫量に注目して，在庫費(寝かせている費用)と輸送や製造費(活動している費用)の最適化を目指すので，有効在庫量が持つ経営的な意味にまで理論の手が行き届かない。そのため，需要側と供給側では異なる価値観による在庫基準が設定され，組織間コンフリクトが発生する[3]。それに対して，在庫は物理現象であると考えると，必要な総在庫量は物理的な総供給リードタイムで決まると指摘することができる。これにより，在庫計画は，需要側から見える手持在庫量と供給側から見える発注残(有効在庫量)の配分問題であると考えることができるようになり，その配分をマネジメントするための適正在庫位置(カップリングポイント)を設定するという考え方が生まれる。

また，在庫は，供給能力が変換された姿であるという考え方もおもしろい。デカップリング在庫においては，供給側の能力制約は論じられていない。そのため，安全在庫係数kは，供給側の供給能力が無限であることを前提に成立する。そして，有限能力問題はスケジューラの領域へと分担され，生産管理者の前に高度で難解なスケジューリング理論が立ちはだかってしまう。それに対して，カップリングポイント在庫計画では，余裕在庫率という新しい指標を発明し，余裕度の高い品目への能力割当を後回しし，逆に，余裕度の低い品目への能力割当を優先するという，最適化在庫補充方式を提示している。これにより，スケジューラの負担が大幅に減ることになる。

あるいは，適正在庫位置(カップリングポイント)は品目ごとに動的に再設定すべきであるという考え方は，忘れている原理原則をはっと気づかせる。ここ

第5章　必要在庫量の計画

で述べる適正在庫位置とは，CODP(Customers Order Decoupling Point)と異なる考え方である。CODPは，生産管理技術の1つで，複数のデカップリング在庫位置の中で受注生産と見込生産を切り離して使い分ける在庫位置を示す。CODPはオランダで1995年頃にTriton(現在のBaaN Ⅳ, LN)という生産管理パッケージで実用化された。日本においては部品中心生産方式とも呼ばれ，古くからある生産方式である。一般にCODPより下流側はフォワード型のスケジューリングになり，上流側はバックワード型のスケジューリングになる。そのため，SCM全体の在庫問題を扱おうとしてCODPを上流側に移動しても，CODPよりもさらに上流側はバックワード型のスケジューリングになるため見込在庫問題は解決しない。いわんや，デカップリング在庫は移動するという論調は誤りである。CODPは需要情報と供給指示の連携点なので管理的な要求で設定・移動できるが，デカップリング在庫自体は物理的に発生するので移動できない。

　生産管理方式のもう1つの誤解にMRP Ⅱ (manufacturing resource planning Ⅱ)の中のMPS(master production schedule)をVMI(vender managing inventory)連携することでSCM系上の見込在庫量を適正化しようとする試みがある。この方式は，供給リードタイムが長いグローバルSCMにおいてブルウイップ現象に悩まされる。その理由は簡単で，定期発注方式をベースとしたバックワード型の需要計画MPSと所要量計画MRP(material requirement planning)を直結するという方式自体に，もともと在庫計画は存在していない[10]。また，VMIは需要側が求める最適性と供給側が求める最適性の意味が異なるため，運用を始めると在庫の適正化よりも在庫を切らさないことが優先されてしまう。買い手という立場の強さから需要側に押し切られ供給側の在庫適正化は画餅になる。

　それに対して，カップリングポイント在庫計画は，複数のデカップリング在庫位置の中から需要と供給を結びつけてマネジメントすべき適正在庫位置(カップリングポイント)を見いだし，その位置に見込在庫を集約し，理論に照らして見込在庫を適正化しようとする[16]。つい悪者扱いしたくなる見込在庫と真正面から向き合い，見込在庫問題の解決方途を示す点は評価に値する。

　カップリングポイント在庫計画は，デカップリング在庫の考え方を基礎理論と位置づけ，加えてグローバル化やSCMなどの現代の要求に焦点を当てて簡

便で実用的な在庫の考え方を私たちに提供している。

5.2.4 日次サイクル在庫量計算の課題

　在庫適正化の具体的方法として需要と供給の調整を日次サイクルに短縮して運用する。日次サイクルの運用にすると週次サイクルでの運用時に表面化しなかった問題が表れる。1つめの問題は，ジャスト・イン・タイム化のように供給リードタイムが極端に短く，また，日次サイクルで運用するようになると，必要在庫量 In を求める式(5.8)は部分的に成立しないことである。具体的には，供給リードタイム L が4以下の場合，手持ちの安全在庫量は安全在庫係数 k で指定する量では不足してしまう。その理由は，リードタイムが4以下になると安全在庫量計算のリードタイム分は $\sqrt{4}=2$ 以下になり，安全在庫量の合計がダブルビン発注方式で示すところの2ビンより少なくなるからである。

　2つめの問題は，海外調達のように供給リードタイムが30日を超えて180日(6カ月)程度まで長くなる在庫計画において，必要在庫量 In は平均需要量 Qd の供給リードタイム L 倍で増えていき実務感覚で保有する量を超えてしまうことである。そこで，実務感覚に頼りながら必要在庫量を減らしていくが，減らし過ぎると入庫(到着)と出庫(消費)のタイミングが合わずに在庫切れを引き起こす。どの水準まで減らしてよいかの算定ができないからである。

　この2つの問題は式(5.8)で示す必要在庫量 In の計算方法がジャスト・イン・タイムの運用と，長いリードタイムの調達になじまないことを示しており，これらの問題に何らかの解決を示すことが求められる。そこで，本書では次節以降に日次サイクルの運用のためのダブルビン発注方式を根拠とする新しい必要在庫量の計算方法を紹介する。

5.3　在庫計画成立の前提条件

5.3.1　需要の繰返し性

　在庫を保有するということは需要に繰返し性があるという前提がなければならない。そうでなければ第Ⅰ部で示したように，在庫の保有それ自体がムダになりキャッシュを生み出さないからである。また，在庫計画は需要統計を用いて策定する。そのため統計の精度を約束するために大数の法則に基づいて，需

要件数は40〜50件以上あることが望ましい[15]。
　しかし，実務において需要の繰返し性が約束されるのであれば，安全在庫量を計算するための標準偏差の誤差が大きくなることを承知で20〜40件程度であっても活用できなくはない。また，需要変動が大きく変動係数（平均量に対する標準偏差の割合 $\sigma d/Qd$ を変動係数という，本書では，わかりやすくばらつき率と呼ぶ，demand varaety ratio, Rv とする）が90％を超える場合，安全在庫量のムダが増えるため在庫計画の活用は避けることが望ましい。この場合も，実務において需要の繰返し性が約束されるのであれば，ばらつき率が130％程度であっても安全在庫量がムダになることはなく実用性があるという研究が報告されている[17]。

5.3.2　供給能力は需要量より大きい

　供給能力と需要量 Qd の関係は式(5.9)で示すように，需要変動分 σd を供給する分の供給能力以上が必要である。その理由は，安全在庫が出庫（消費）された場合はその消費された安全在庫量を補充する必要があるからである。この前提は生産管理で使用するスケジューラにも当てはまる。一般に式(5.9)が成立しない条件下でのスケジューリングは解くのが難しい。

$$供給能力 \geq Qd + \sigma d \tag{5.9}$$

　一方で，平均需要量に対して標準偏差分以上を供給するので供給過剰になり，在庫は過剰になる。「標準偏差分以上の供給がなければ在庫切れが発生し，一方で在庫は過剰になる」という在庫計画の本質的な前提を理解しておくことが重要である。この過剰在庫は商品・製品の寿命が終ってからの死蔵在庫の原因になる。そのため，商品・製品の終息時期を管理して供給を打ち切ることは在庫適正化に欠かせない活動である。

5.3.3　在庫切れと入庫（到着）量の関係

　定期発注方式で変量（不定量）発注を採用する場合，総在庫量を計画水準に維持しようとするので在庫量の過不足に応じて供給指示量は変量になる。そのため，総在庫量が多い場合は供給指示量が少なくなり，その少ない指示量が供給リードタイム後に到着して手持在庫量に入庫計上される。ところが，供給リー

ドタイム後に到着するまでの間に平均的に需要が発生すると手持在庫量は需要による出庫で低下していて，安全在庫量の水準以下になることがある。そのようなタイミングで少ない量が到着すると在庫切れが発生する。これは定期不定量発注方式を採用すると在庫過多と在庫過少による在庫切れが交互に繰り返し発生するという本質的な構造である。このような到着量不足による在庫切れを回避するためには，入庫(到着)量が式(5.10)で示すように需要のばらつき分を考慮した大きさであればよい。この入庫量を発注ロットサイズとすることで在庫切れ率は低減できるとする研究が報告されている[18][19]。

$$入庫量 \geq Qd + k \times \sigma d$$
$$入庫量 \geq Qd \times \left(1 + k \times \frac{\sigma d}{Qd}\right) \quad (5.10)$$

ここで，単位期間あたり需要量 Qd を単位量と考えると，在庫切れを起こさないための入庫量は式(5.10)からばらつき率 $Rv(=\sigma d/Qd)$ に比例していることがわかる。ばらつき率が大きい場合は入庫量のロットサイズを大きくする必要があるといえる。

5.3.4 需要時期と供給時期の同期化

一般社会は暦日を基本として動いているが，企業は従業員の福利厚生や設備稼働効率などを考慮して稼働日が定められる。そのため暦日と稼働日に差が生じる。この差は在庫計画において需要時期と供給時期の時間差の在庫となって表面化する。暦日と稼働日の差による在庫量を考慮しなければならない場合は式(5.11)で示す暦日を基準に稼働日の比率 Rw(ratio of work days)を供給リードタイムで除して式(5.12)で示す長さに補正するとよい。また，供給リードタイムが休日を含めた長さに設定されている場合，この補正は不要である。

$$Rw = \frac{稼働日数}{暦日日数} \quad (5.11)$$

$$L(adjust) = \frac{L}{Rw} \quad (5.12)$$

5.4 適正在庫位置と在庫補充方式

5.4.1 適正在庫位置の設定と必要在庫量

必要在庫量 In を計算するための最初のステップは見込在庫を保有する適正な在庫位置を品目ごとに設定することである．ある品目について適正在庫位置を設定すると図5.1に示すように供給側の供給指示の位置から適正在庫位置までの供給リードタイム Lcp が確定するので在庫量の計算ができるようになる．

いま，加工工程の供給リードタイム（段取りを含めた加工リードタイム）を下流側から上流側に向かって $P(1)$, $P(2)$, …, $P(n)$ とする．需要側からの需要納期を Ld とすると，適正在庫位置は式(5.13)で示す位置になる[16]．適正在庫位置の設定により総供給リードタイムは，式(5.14)で示す適正在庫位置から下流側の供給リードタイム Ls と，式(5.15)で示す上流側から適正在庫位置までの供給リードタイム Lcp に分かれる．適正在庫位置より下流側のリードタイム分の在庫は確定注文に基づく工程仕掛在庫または輸送在庫であり，適正在庫位置より上流側のリードタイム分の在庫は見込在庫である．そこで，適正在庫位置を設定した後の見込在庫量の計算式は，式(5.15)を式(5.8)の供給リードタイム L に代入して，式(5.16)となる．

$$i^{*} = \left\{ \max_{1 \leq i \leq n} i \,\middle|\, \sum_{j=1}^{i} P(j) \leq Ld \right\} \tag{5.13}$$

$$Ls = \sum_{j=1}^{i^{*}} P(j) \tag{5.14}$$

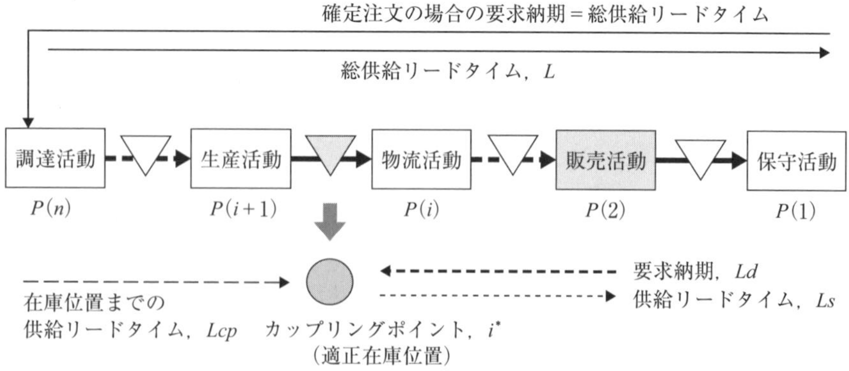

図 5.1 適正在庫位置の設定

5.4 適正在庫位置と在庫補充方式

$$Lcp = \sum_{j=i^*+1}^{n} P(j) \tag{5.15}$$

$$In = Qd \times (Lcp + C) + k \times \sqrt{Lcp + C} \times \sigma d + (|Q_0 - E_0|) \tag{5.16}$$

なお，必要在庫量の計画において戦略的在庫量 S_0 は日常的に繰り返される在庫量と異なるため，本書の説明において式(5.16)の第3項にある $(S_0 = |Q_0 - E_0|)$ の部分を省略して記述する。同様に，品目ごとに設定する適正在庫位置についても，設定済みという前提で在庫位置を示す i^* は省略して記述する。

また，一般に適正在庫位置までの供給リードタイムは供給量によって変動するが，供給指示量を式(5.10)で示すような在庫切れしない水準の入庫量になるようロットまとめすることにより一定の供給リードタイムが約束できるようになる。在庫切れしない水準のロット量の算出方法は5.6.2項で述べる。

5.4.2 単位期間あたり需要量と供給量の結合

需要量を供給側に伝えるために発注方式が活用される。従来から基本的な発注方式にはダブルビン発注方式，定期発注方式，定量発注方式がある。定量発注方式は発注量をロットサイズによって定量化するので発注間隔は不定期になる。定期発注方式は発注間隔を一定間隔にするので発注量が不定量になる。定期発注方式，定量発注方式の必要在庫量の求め方はともに式(5.8)，式(5.16)である。

それに対して，カップリングポイント在庫計画では4.4.1項で示したように「単位期間あたり需要量と単位期間あたり供給量が等しくなるように在庫補充する」という考え方を提唱している。この考え方を実現するための着眼は2点ある。第1は，単位期間あたり需要量を需要モデルとしてモデル化することである。第2は単位期間あたり需要量と単位期間あたり供給量を等しくする発注方式を実現することである。

第1の単位期間あたり需要量を需要モデルとしてモデル化する考え方は，単位期間あたり平均需要量 Qd を1単位量とする考え方である。平均需要量 Qd を求める統計処理にあたり，平均量を算出する単位期間の長さは2.1節で述べた財務視点で用いる単位期間の長さと一致するように対応づける。これにより経営視点の財務視点で用いる単位量と，現場視点の在庫の制御で用いる単位量が一致することになり1単位量($1Qd$)あたりの棚卸資産評価額と売上原価高と

第5章 必要在庫量の計画

単位期間の長さで示す供給リードタイム Lcp が結びつくようになる。これにより，在庫と経営の結び付きがわかりやすくなる。また，需要モデルについては5.5節で詳説する。

第2の単位期間あたり需要量と単位期間あたり供給量を等しくする発注方式の考え方はダブルビン発注方式に着目することである。ダブルビン発注方式は図5.2に示すように納期対応在庫に相当する手持側の在庫ビン1と発注残に相当する供給側の在庫ビン2で構成される。ビン1の在庫が消費されて空になる頃にタイミングを合わせて発注済みのビン2が供給側から到着し，空になるビン1と置換わる。そして，空になったビン1は供給側に回送されて供給を指示し発注残となる。供給側に回送されたビン1はビン2が空になるタイミングに合わせて到着・入庫される。ビン1とビン2が供給側と需要側の間で交互に往復・繰返す発注方式である。

ダブルビン発注方式の在庫量は図5.3に示すようにビン1とビン2の合計である。手持側の在庫量は，供給側の供給リードタイム後に現品が到着するまでの間（供給リードタイム期間の長さ）の消費に対応するための納期対応在庫量である。供給側の発注残の在庫量は，手持側の必要在庫量と同量が発注されていなければならない。

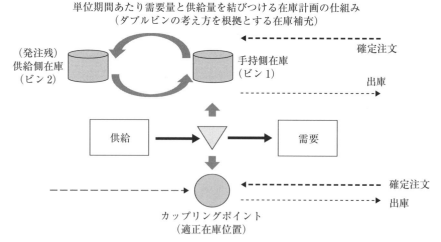

図5.2　単位期間あたり需要量と供給量の結合

5.4 適正在庫位置と在庫補充方式

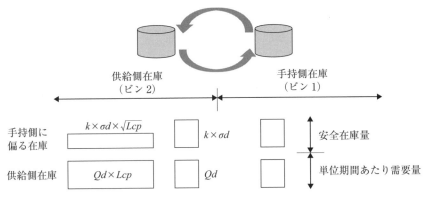

図 5.3 ダブルビンの考え方による在庫量

　この方式において，供給側の供給能力が十分にあって，手持側の在庫量を準備するための供給リードタイム Lcp が短ければ，手持側の在庫量はその供給リードタイム分だけ保有すればよいことになる。また，各ビンには安全在庫量が含まれなければならない。手持側の安全在庫量は平均需要量 Qd の標準偏差 σd の安全在庫係数 k 倍が必要になる。これが定量発注方式の原型である。

　手持側ビンの必要在庫量を式で示すと式(5.17)のように表すことができる。また，供給側の在庫量は式(5.18)で示すことができる。

$$手持側のビンの在庫量 = Qd + k \times \sigma d \tag{5.17}$$

$$供給側のビンの在庫量 = Qd \times Lcp + k \times \sqrt{Lcp} \times \sigma d \tag{5.18}$$

　この方式において，需要発生の間隔が供給リードタイム Lcp より長い場合，供給側の在庫は手持側に到着してしまうので，発注残はゼロになる時期が見られ，手持側に在庫が偏る。逆に，需要発生の間隔が供給リードタイム Lcp より短い場合，手持側は供給リードタイム Lcp 分の期間の需要量を常に保有しなければならなくなる。もし，供給リードタイム Lcp がグローバルサプライチェーンのように非常に長い場合，手持在庫量は膨大になる。そこで，これを避けるために，供給リードタイム Lcp を単位期間 C で細かく分割して発注し，手持側の在庫量は式(5.17)で示す単位期間 C 分のみとして残りは供給側の発注残になるよう配分を変えるという方法が考案された[13]。これが定期発注方式の原

型である。

このようにダブルビン発注方式の挙動が理解できると，供給リードタイム Lcp を基準として発注間隔が長い場合は定量発注方式を採用し，逆に，発注間隔が短い場合は定期発注方式を採用すると，総在庫量は削減できるということがわかる。発注方式の使い分け方の原則は供給リードタイム Lcp と発注間隔 C の状況によって選択するのがよい。

5.4.3 ダブルビン発注方式の在庫補充への応用

次に，供給側のビンの在庫量を示す式(5.18)の第2項は供給側にあるはずの安全在庫量で，消費されない場合は手持側に偏ることになる。そこで，安全在庫量が手持側に偏ることを考慮すると，手持側在庫量は式(5.19)に，供給側在庫量は式(5.20)で示すように移項して示すことができる。ここで，式(5.19)の第2項下線部分 ($k \times \sqrt{Lcp} \times \sigma d$) は元々供給側の在庫量である。式(5.19)と式(5.20)を合計すると式(5.21)になる。

$$\text{手持側の在庫量} = (Qd + k \times \sigma d) + \underline{(k \times \sqrt{Lcp} \times \sigma d)}$$
$$= Qd + k \times \sigma d \times (1 + \sqrt{Lcp}) \tag{5.19}$$

$$\text{供給側の在庫量} = Qd \times Lcp \tag{5.20}$$

$$\text{合計在庫量} = Qd \times Lcp + Qd + k \times \sigma d \times (1 + \sqrt{Lcp})$$
$$= Qd \times (Lcp + 1) + k \times \sigma d \times (1 + \sqrt{Lcp}) \tag{5.21}$$

この式(5.21)の中の第1項，第2項の定数1は定期発注方式の単位期間 C の平均需要量 Qd に相当することから，式(5.21)は必要在庫量を求める式(5.16)と近いことがわかる。しかし，式(5.16)では手持側の在庫と供給側の在庫を分離することができない。そこで，ダブルビン発注方式の考え方に基づいて在庫量を手持側の在庫量と供給側の在庫量に分けて整理する。この整理により，間欠需要で，かつ，長い供給リードタイムにおいて在庫切れが起こらないようにするための工夫が可能になる。

まず，手持側の在庫量はビン1に相当し，出庫されるとゼロになる。その直前にビン2から同じ量が到着しなければならない。したがって，手持側在庫量はビン1が2ビン分必要になると考え式(5.17)を2倍する。これに供給側在庫

量の式(5.18)を加えるとダブルビン発注方式の必要在庫量を求める式になる。ダブルビン発注方式の必要在庫量 Ind とすると，その求め方は式(5.22)で示すように，式(5.17)で示す手持側の在庫量の2倍(2ビン)に，輸送(または工程仕掛)中の供給側の在庫量である式(5.18)を加えた量になる。また，実際の在庫量は安全在庫量の部分が供給側と手持側の両方に配分される。もし，安全在庫量がすべて手持側に偏るとすると，手持側在庫量は第1項と第2項の合計になり，供給側在庫量は第3項になる。また，戦略的在庫が必要な場合は式(5.22)の第4項に手持側在庫量として式(5.1)の戦略的在庫量 S_0 を加える。

$$Ind = 2 \times (Qd + k \times \sigma d) + (k \times \sqrt{Lcp} \times \sigma d) + (Qd \times Lcp) \tag{5.22}$$

ここで，ビン2が到着してビン1に役割が移る直前のビン2の部分は供給側在庫量であり，2倍した手持側のビンの在庫量と重複している。その重複部分の補正の考え方は需要の発生間隔(需要密度)と関係するので次節で述べる。

5.5 需要統計による需要モデル

5.5.1 移動平均期間の長さとサンプルの取り方

必要在庫量を計算するためには，図5.4で示すように品目ごとに需要実績を統計処理する。これを需要モデルと呼ぶ。需要モデルには，単位期間あたり平均需要量 Qd とその標準偏差 σd，ばらつき率 Rv，需要発生間隔 Td，需要密度 Rd がある。単位期間あたり平均需要量 Qd は需要のモデル化によって1単位量となる。その1単位量に対して量のばらつきの偏差を示す比率がばらつき率

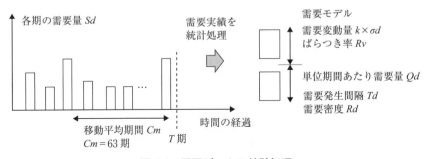

図 5.4　需要データの統計処理

第5章　必要在庫量の計画

Rv(変動係数)であり，需要の到着間隔という時間の状態を示す比率が需要密度 Rd(需要発生間隔 Td)である。詳細は5.5.2項と5.5.3項で述べる。

　また，需要実績を統計処理するための単位期間 C の長さを決める。この例の単位期間 C の長さは1日を想定している。時間の単位は日である。事業は年度を単位期間とするので事業年度の長さは365日に相当する。また，需要量の平均と標準偏差を求める際に統計上の約束事である大数の法則と中心極限の定理が成立するように，需要データのサンプルが40個～50個以上になるように移動平均期間 Cm を設定する。日本企業の場合，月次で締める習慣が根強く残っている。そのため，月末集中と月初めの落ち込みはばらつきに大きな影響を及ぼす。このことを考慮して，日単位で移動平均を統計処理する場合のサンプル期間数 Cm は63個(1カ月が31日の大の月が2回納まる期間，また，移動平均法のサンプル数は奇数個とする)とするのがよい。

　サンプルの取り方で留意することは注文(出庫)が発生しない日の需要量は欠測値とすることである。これをゼロとして扱うと平均値は小さくなり，ばらつきは大きくなるため，正しい平均値と標準偏差を求めることができない。もし，2期に1回の需要発生であれば，移動平均期間 $Cm=63$ 期のうち31回(サンプル数 $m=31$ 個)の注文が発生していることになる。

　もう1つの留意点は，供給リードタイム Lcp がサンプル期間 $Cm=63$ 期より長い場合，サンプル期間 Cm は長いほうを採用することである。具体的には，供給リードタイム Lcp が90期間の場合，サンプル期間 Cm は90期とする。

5.5.2　平均需要量と標準偏差の求め方

　平均需要量 Qd は品目ごとに当期 T の1期直前($T-1$)からさかのぼって $Cm=63$ 期過去までの各期の注文量合計を注文が発生した期の数で除して求める。求め方の例で示す式(5.23)の m は注文が発生したサンプル数である。添字の n は品目番号を意味し，i は当期 T の期番号を意味する。

　同様に，標準偏差 σd の求め方の例を式(5.24)に示す。平均需要量 Qd とその標準偏差 σd から，ばらつきの割合(変動係数)を求めておくことにより平均需要量 Qd にばらつき率を乗ずることで標準偏差を想定することが可能になる。そこで，需要統計を求める際に一緒に変動係数を求めておく。これをばらつき率 Rv(demand variety ratio)と呼び式(5.25)に示す。

$$Qd(n, i) = \frac{\sum_{x=i-Cm}^{i-1} Sd(n, x)}{m(n, i)} \tag{5.23}$$

$$\sigma d(n, i) = \sqrt{\frac{\sum_{x=i-Cm}^{i-1} \{Qd(n, i) - Sd(n, x)\}^2}{m(n, i) - 1}} \tag{5.24}$$

$$Rv(n, i) = \frac{\sigma d(n, i)}{Qd(n, i)} \tag{5.25}$$

なお，移動平均法の代わりに指数平滑法を用いてもほぼ同様の結果が得られる．指数平滑法を用いる場合の留意点は，重み α の設定はサンプル期間数 Cm の逆数と等しくすることである．

5.5.3 需要の発生状況

需要発生間隔を Td(term of demand interval)とすると，平均需要発生間隔は式(5.26)で求める．需要発生間隔の逆数は移動平均期間数に対する需要発生期数の割合を示すので需要密度 Rd(demand density ratio)と呼び式(5.27)に示す．

$$Td(n, i) = \frac{Cm}{m(n, i)} \tag{5.26}$$

$$Rd(n, i) = \frac{1}{Td(n, i)} \tag{5.27}$$

5.5.4 添え字(n, i)の省略表記

平均需要量 Qd とその標準偏差 σd，需要発生間隔 Td とその逆数である需要密度 Rd は，すべて品目ごとに統計処理される．そこで，本書において以降の記述は煩雑性を避けることを目的として特別な説明を除き品目番号と期番号の添え字(n, i)は省略して示す．

5.6 需要の発生状況と必要在庫量

5.6.1 需要発生間隔（需要密度）と在庫量

デカップリング在庫理論で想定している必要在庫量 In は式(5.8)と式(5.16)

第5章　必要在庫量の計画

で示したとおりである。この式に基づいて単位期間を日の長さで平均需要量 Qd とその標準偏差 $σd$ を求めて必要在庫量 In を求めると，その在庫量は実務感覚より多いと感じることがある。その理由の1つに需要発生間隔 Td（需要密度 Rd）の考慮がされないまま必要在庫量 In を求める点が考えられる。実務は毎日を単位として運営されているが注文（出庫）は品目ごとに発生しない日がある。この状況を図5.5に示す。

この例の供給リードタイム Lcp は5期である。その期間内において発生している注文はハッチングで塗りつぶした3回である。この場合，発注残となる供給側の単位期間・供給リードタイムあたり在庫量 Fd は $(Qd×Lcp)$ =5期分になるが実際の注文は3回分のため，2回分が多いことに気づく。

このように，発注残となる供給側の単位期間・供給リードタイムあたり在庫量 Fd は供給リードタイム期間内に発生する注文回数分 (Lcp/Td) 個あればよいことがわかる。これは需要発生間隔 Td で単位期間・供給リードタイムあたり在庫量 Fd を補正する考え方である。同様に安全在庫量 S_1 の供給リードタイム Lcp の部分についても需要発生間隔 Td を用いて (Lcp/Td) で補正し，多すぎる量を調整することができる。また，式(5.27)から $Rd=1/Td$ なので，この補正

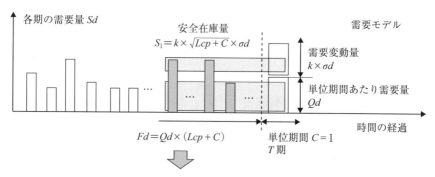

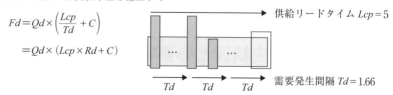

図5.5　需要発生間隔と在庫量

は需要密度 Rd を用いて ($Lcp \times Rd$) としてもよい.

例えば,供給リードタイム Lcp が 90 期(概ね 3 カ月)で,需要発生間隔 Td が 30 期(概ね月に 1 回)とすると需要密度 Rd は $1/30 = 3.3\%$ である.需要のばらつき率 $Rv = 66\%$,安全在庫係数 $k = 1.64$ とすると,需要密度 Rd による補正がない場合の必要在庫量 In は $Qd \times (90 + 1) + 1.64 \times \sqrt{(90 + 1)} \times 0.66 \times Qd = 91 \times Qd + 10.33 \times Qd = 101.33 \times Qd$(概ね 101 日分)となり,補正後は $Qd \times (90 \times 0.033 + 1) + 1.64 \times \sqrt{(90 \times 0.033 + 1)} \times 0.66 \times Qd = 3.97 \times Qd + 2.16 \times Qd = 6.13 \times Qd$(概ね 6 日分)となる.このように需要発生間隔 Td(需要密度 Rd)による必要在庫量 In の補正は在庫適正化に有益である.ただし,この補正による必要在庫量は需要(出庫)と供給(入庫)のタイミングが一致した場合に成立する適正量となる.しかし,実際の在庫の入出庫タイミングは,供給リードタイム Lcp 後の入庫(到着)に対して出庫(需要)はいつ発生するか約束できない.そのため,入出庫タイミングの不一致による在庫切れが発生する.そこで,このような時間差に対する在庫量の準備は量差による安全在庫量 S_1 と区別して算出する.その考え方の詳細は 5.6.3 項で述べる.

5.6.2　需要のばらつき率と余裕在庫率
(1)　安全在庫量の意味
デカップリング在庫の考え方で想定している安全在庫量 S_1 は式(5.2)で示したとおりである.この式は定期発注方式の安全在庫の求め方である.定期発注方式の場合,納期対応の手持在庫量部分が単位期間 C として保有する.そのため,定量発注方式の安全在庫量の求め方である式(5.28)に対して,供給リードタイム Lcp が発注間隔 C より長い場合にリードタイム分を補正する[13].その補正式を式(5.29)に示す.式(5.29)は展開すると式(5.2)と等しい.また,図 5.5 の上段で示すように安全在庫量のハッチング部分が供給リードタイム Lcp の部分と単位期間 C の部分で構成されていると理解してもよい.

$$定量発注方式の安全在庫量 = k \times \sqrt{Lcp} \times \sigma d \tag{5.28}$$

$$S_1 = 定量発注方式の安全在庫量 \times \sqrt{1 + \frac{C}{Lcp}} \tag{5.29}$$

この安全在庫量の求め方において注意しなければならない点は,単位期間 C

第5章 必要在庫量の計画

は平均需要量の統計処理のための単位期間と同じ長さを用いるという点である。そのため，単位期間 C は常に1である。これは，納期対応のための手持在庫量の部分に $k \times \sqrt{C} \times \sigma d = k \times \sigma d$ 分の安全在庫量が必要になることを示している。この場合に，供給リードタイム Lcp が最も短い1単位期間とすると定期発注方式の安全在庫量は $k \times \sqrt{1+1} \times \sigma d = k \times 1.41 \times \sigma d$ となるため，発注残（供給）側には $(1.41 - 1 = 0.41)$ 分の安全在庫量しか存在しないことになる。その結果，安全在庫量は不足して在庫切れが多くなり，サービス率は安全在庫係数 k の指定より低下するという問題が現れる。

この現象は，定量発注方式の場合についても同様である。定量発注方式の場合，供給リードタイム Lcp 分の安全在庫量は考慮されている。しかし，納期対応のための手持側の1単位期間分が計算から除外されているので，最初から安全在庫量は不足する。

その解決の考え方は，ダブルビン発注方式にある。入庫（到着）する量は手持側の量と同じであればよい。すなわち，供給リードタイム Lcp が4単位期間より短い場合，安全在庫量は $\sqrt{4} = 2$ ビン分より多く保有する必要がある。そこで，安全在庫量は常に $k \times \sigma d \times 2$ ビン分になるようにすればよい。これにより，ジャスト・イン・タイムのように供給リードタイム Lcp が4以下の場合であっても安全在庫係数 k によって在庫切れを制御することができるようになる。

このように，デカップリング在庫で想定している安全在庫量の計算方法は，定期発注方式であるか，定量発注方式であるかという発注方式に応じて計算する考え方である。それに対してカップリングポイント在庫計画の考え方は，ダブルビン発注方式の安全在庫の働き方の意味に基づいて計算する考え方である。

(2) 余裕在庫率

デカップリング在庫で想定している必要在庫量 In は式(5.8)と式(5.16)で，その第1項は単位期間・供給リードタイムあたり在庫量 Fd である。これはパイプライン在庫量と呼ばれる。パイプライン在庫量は物理的な供給リードタイム Lcp に伴って発生する在庫量なので，この在庫量は基本的に常時発生する。そこで，実際に存在する供給側の在庫量と需要側の在庫量の総和（これを有効在庫量 Ia と呼ぶ）のうち，安全在庫量として活用できる余裕分がどれくらい占めているかを指標化して表現する。この余裕分は単位期間あたり平均需要量 Qd

を1単位量とした場合の余裕分の比率を示す指標である．これを余裕在庫率 Rm (margin stock ratio) と呼ぶ[20]．有効在庫量 Ia のうち安全在庫として使える余裕分の在庫量の割合 Rm の求め方を式(5.30)に示す．余裕在庫率 Rm が1.0より小さい場合は入庫(到着)遅れによる在庫切れが発生する．

$$Rm = \frac{Ia}{Fd} \tag{5.30}$$

有効在庫量 Ia = 実際の供給側在庫量 + 実際の手持側在庫量

単位期間・供給リードタイムあたり在庫量 $Fd = Qd \times (Lcp + C)$

(3) 目標余裕在庫率

デカップリング在庫で想定している必要在庫量 In は式(5.8)と式(5.16)で，その第2項は安全在庫量 S_1 である．安全在庫量 S_1 は必要在庫量 In に占める割合で指標化することができる．指標化は単位期間あたり平均需要量 Qd を1単位量とした倍率で示す．これを目標余裕在庫率 Trm (target margin ratio) と呼ぶ[18]．目標余裕在庫率 Trm の求め方を式(5.31)に示す．余裕在庫率 Rm が目標余裕在庫率 Trm より大きければ有効在庫量 Ia は必要在庫量 In より多いことを示す．逆に，余裕在庫率 Rm が目標余裕在庫率 Trm より小さければ有効在庫量 Ia は必要在庫量 In より少ないことを示す．

$$Trm = \frac{In}{Fd} = \frac{Qd \times (Lcp + C) + k \times \sqrt{(Lcp + C)} \times \sigma d}{Qd \times (Lcp + C)}$$

$$= 1 + k \times \frac{\sqrt{Lcp + C}}{(Lcp + C)} \times \frac{\sigma d}{Qd} = 1 + k \times \frac{\sqrt{Lcp + C}}{(Lcp + C)} \times Rv \tag{5.31}$$

目標余裕在庫率 Trm を活用すると，発注(補充)時のロットサイズを平均需要量に対する安全在庫量を考慮した大きさに設定することが可能になる．これにより，安全在庫係数 k に基づくサービス率を反映したロットサイズの設定が可能になる．その求め方を式(5.32)に示す．

$$\text{ロットサイズ} = Qd \times Trm \tag{5.32}$$

単位期間あたり需要量と適正なロットサイズを図示すると図5.6のようになる．例えば，5.1.2項で例示した安全在庫量を目標余裕在庫率 Trm で表現する．

第5章 必要在庫量の計画

平均需要量 Qd が 100，その標準偏差 σd が 66，供給リードタイム Lcp が 5 期，サービス率が 95％（$k=1.64$），とすると目標余裕在庫率 Trm は $Trm = 1 + 1.64 \times \sqrt{(5+1)/(5+1)} \times 66/100 = 1.4419$ となる．

この指標により，安全在庫量の指標は単位期間あたり平均需要量 Qd の Trm（$=1.4419$）倍であることがわかる．そこで，発注（補充）時の適正なロットサイズは単位期間あたり平均需要量 Qd の Trm 倍とすると，$100 \times 1.4419 = 144.2$ と設定すればよいことがわかる．

目標余裕在庫率 Trm は安全在庫量 S_1 が供給リードタイム Lcp 上に均一に存在しているという理論上の状態を示した指標である．この指標は需要側と供給側の共通の指標として活用できる．なお，ロットまとめ発注（補充）により有効在庫量 Ia は必要在庫量 In をロットサイズ分だけ上回る．ロットまとめ発注（補充）により在庫切れ率の低減と実際の在庫量が増えるというトレードオフの状況が発生する．このように，ロットサイズの決め方はサービス率（在庫切れ率）と適正な在庫量を制御するパラメータである．しかし，$Qd \times Trm$ の適正なロットサイズは供給量の平準化にもつながる推奨のロットサイズである．

(4) 手持余裕在庫率

在庫切れを起こさない手持在庫量の割合を単位期間の平均需要量 Qd を 1 単位量とした倍率に換算して指標化して示すことができる．これを手持余裕在庫率 Hrm（on hand margin ratio）と呼ぶ[19]．その求め方は式（5.33）に示す．手持余裕在庫率 Hrm は目標余裕在庫率 Trm のように供給リードタイム Lcp が考慮

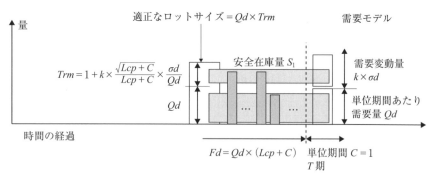

図 5.6　単位期間あたり需要量と適正なロットサイズ

されていないのでわかりやすいが，目標余裕在庫率 Trm より大きい値となる。

$$Hrm = 1 + k \times \frac{\sigma d}{Qd} = 1 + k \times Rv \tag{5.33}$$

また，手持余裕在庫率 Hrm は式(5.34)で示すようにロットサイズの算出に活用することができる。これにより，入庫(到着)量は常にサービス率(安全在庫係数 k)が考慮された量になるので在庫切れ率は著しく低下する。

$$\text{ロットサイズ} = Qd \times Hrm \tag{5.34}$$

例えば，5.1.2項で例示した安全在庫量を手持余裕在庫率 Hrm で表現する。平均需要量 Qd が100，その標準偏差 σd が66，供給リードタイム Lcp が5期，サービス率が95%(k=1.64)，とすると手持余裕在庫率 Hrm は $Hrm = 1 + 1.64 \times 66/100 = 2.0824$ となる。この指標により，安全在庫量の指標は単位期間あたり平均需要量 Qd の Hrm($=2.0824$)倍であることがわかる。そこで，発注(補充)時のロットサイズに手持余裕在庫率を使用すると，単位期間あたり平均需要量 Qd の Hrm 倍 $= 100 \times 2.0824 = 208.2$ と設定すればよいことがわかる。

手持余裕在庫率 Hrm は需要側の立場から手持側在庫量のサービス率(在庫切れ率)を安全在庫係数 k で指定する水準に維持しようとする実務的な指標である。この指標は，需要モデルが正規分布と異なり推定が難しいと思われる場面や供給リードタイム Lcp が長いために在庫切れ発生時の対応が難しいという不確実な場面において，少しでも在庫切れ率を低減させたいときに活用する。この指標は目標余裕在庫率 Trm より大きい値を示すので，手持側在庫量が多めになるということを承知して活用する。なお，在庫適正化の観点から，需要モデルの特徴が推定できるようになるのであれば，それ以降は目標余裕在庫率 Trm の採用が望ましい。

(5) 安全在庫量の可視化

余裕在庫率に関係する3種類の指標の大小関係は $1.0 < Rm \leq Trm \leq Hrm$ の状態が望ましい姿である。ただし，発注時にロットまとめをすると余裕在庫率 Rm はロットサイズ分だけ目標余裕在庫率 Trm を上回る。また，余裕在庫率 Rm が手持余裕在庫率 Hrm より大きい場合は明らかに在庫量が多いと考えてよい。

これら3種類の余裕在庫率の狙いは，量を指標化することにより管理しやす

くすることである。3種類の余裕在庫率を活用すると在庫水準の可視化が可能になる。可視化状況を交通信号の3色に喩えると, $Rm \leq 1.0$ の状態は入庫(到着)遅れによる在庫不足が発生している状況であり赤信号である。$1.0 < Rm \leq Trm$ の状態は在庫不足に注意する状況であり黄色信号(発注・補充合図)である。$Trm < Rm \leq Hrm$ の状態は在庫量がやや多い状況であるが青信号である。$Hrm < Rm$ の状態は明らかに在庫が過剰な状況であり赤信号である。

5.6.3 需要密度を考慮した必要在庫量の求め方

間歇需要に対応するためのダブルビン発注方式の考え方に基づく必要在庫量 Ind (Necessary inventory based on double bin ordering : Ind) の考え方を図5.7に示す。

まず,供給リードタイム Lcp が需要発生間隔 Td より短い場合の必要在庫量 Ind は式(5.22)で求めることができる。しかし,供給リードタイム Lcp が需要発生間隔 Td より長く,かつ,間歇需要の場合,5.6.1項で示したように在庫量は多すぎる。そこで,必要在庫量 Ind は需要発生間隔 Td (または需要密度 Rd)で補正して少なくする必要がある。

供給リードタイム Lcp 期の間に需要発生間隔 Td の需要が間歇的に発生していると,その需要個数は (Lcp/Td) 個である。これは,$(Lcp \times Rd)$ と置き換えてもよい。供給側の在庫量は,供給リードタイム Lcp 期間の需要発生個数分だけ準備されていればよいので $(Qd \times Lcp \times Rd)$ となる。同様に,安全在庫量についても需要発生個数分でよいので $(k \times \sigma d \times \sqrt{Lcp \times Rd})$ となる。

また,供給側のパイプライン在庫量に相当する部分は,やがて手持側の単位期間あたり平均需要量 Qd に相当する部分に到着する。このときに供給側在庫量と需要側在庫量で2点の補正が求められる。

(1) タイミングの補正

1つは,供給側在庫量の補正である。次の需要発生によって次の補充が要求されるまでの間,次の供給による入庫(到着)はない。もし到着しても,その到着は供給リードタイム Lcp 後である。その間に需要が発生するとその出庫に対して入庫(到着)のタイミングが間に合わずに在庫切れとなる。その期間の長さは図5.7の下段に示すように $(1-Rd) \times Lcp$ である。このような出庫(需要)と入

5.6 需要の発生状況と必要在庫量

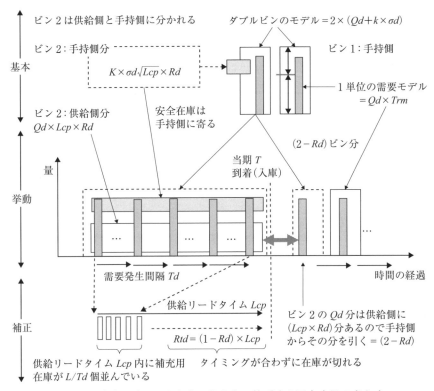

図 5.7 ダブルビン発注方式の考え方に基づく必要在庫量の考え方

庫(到着)タイミングの不一致に備えるための在庫を供給側に準備する必要がある。このタイミングの不一致に備えるための補正期間の長さのことを本書では Rtd (required adjustment to demand timing) と呼ぶ。

理解を助けるために図 5.7 の下段に補足説明を加える。供給側の在庫量 ($Lcp \times Rd$) 分が Lcp の片側に偏って補充されているとすると,供給リードタイムの残りの長さ $(1-Rd) \times Lcp$ の部分に相当する期間内に需要密度 Rd で需要が発生した場合,その需要に対応する供給側の在庫が必要になるからである。タイミングの不一致に備えるための補正期間 Rtd の求め方は式(5.35)に示す。例えば,供給リードタイム Lcp が 90 期で,需要発生間隔 Td が 30 期とすると需要密度 Rd は $1/30 = 3.3\%$ である。この場合,タイミングの不一致に備えるための補正期間 Rtd は,$(1-0.033) \times 90 = 87.0$ 期である。

第 5 章　必要在庫量の計画

$$Rtd = (1 - Rd) \times Lcp \tag{5.35}$$

　この補正は供給リードタイム Lcp の長さがばらつくことに対応するという意味ではない。供給リードタイム Lcp は需要の発生と異なり供給側が需要側に約束する要件である。デカップリング在庫の安全在庫量 S_1 は量に着目した補正であるのに対して，タイミングの不一致に備える Rtd は時間差に着目した在庫量の補正である。在庫は(量×時間)で発生するので量と時間の両面から必要在庫量を設定するという考え方である。

　タイミングの不一致に備えるための補正期間 Rtd を考慮した供給側在庫量を Sp とすると，その求め方は供給リードタイム Lcp と需要発生間隔 Td の関係を考慮して式(5.36)に示す。この例の場合，供給側在庫量 Sp は $Qd \times (90 + 87) \times 0.033 = 5.84Qd$ となる。式中の $(Lcp \times 2)$ は需要発生間隔 Td の長さが供給リードタイム Lcp の 2 倍を超えて十分に長いという条件を示す。

$$Sp = \{Lcp \times 2 > Td | Qd \times (Lcp + Rtd) \times Rd\}$$
$$= \{Lcp \times 2 > Td | Qd \times (2 - Rd) \times Lcp \times Rd\}$$
$$Sp = \{Lcp \times 2 \leq Td | Qd \times Lcp \times Rd\} \tag{5.36}$$

(2)　安全在庫量の補正

　もう 1 つの補正は，手持側の 2 ビン分の在庫量の補正である。手持側の 2 ビン分の在庫量のうちのビン 1 の部分は需要による出庫でやがてゼロになる。もう一方のビン 2 の部分は，やがて供給側の $(Qd \times Lcp \times Rd)$ が到着する部分と重複するので，手持側は需要密度 Rd 分を差し引いて，図 5.7 の中段に示すように $(2 ビン - Rd 分) \times Qd$ のビン相当を持てばよい。

　また，5.6.2 項に示した供給リードタイムが 4 以下の場合の安全在庫量の補正分を $Rbin$ とすると，その求め方は式(5.37)に示す。この補正量は + の場合と - の場合の両方に適用する。

$$Rbin = \{Lcp \leq 4 | (Qd + k \times \sigma d) - k \times \sqrt{Lcp} \times \sigma d\}$$
$$Rbin = \{Lcp > 4 | 0\} \tag{5.37}$$

　手持側の 2 ビン分の在庫量の調整を考慮した手持側在庫量を Sh とすると，その求め方は供給リードタイム Lcp と需要発生間隔 Td の関係を考慮して式

5.6 需要の発生状況と必要在庫量

(5.38)に示す。例えば，需要発生間隔 Td が30期とすると需要密度 Rd は $1/30 = 3.3\%$ である。この場合，供給リードタイム Lcp が90期とすると，手持側のビン数は $(2 - 0.033 = 1.967) \times Qd$ となる。この例の場合，手持側在庫量 Sh は $(2 - 0.033 + \sqrt{90}) \times Qd \times Hrm + 0 = (1.967 + 9.486) \times Qd \times Hrm = 11.45 \times Qd \times Hrm$ となり，11.45ビン相当の在庫量が必要になる。

$$Sh = \{Lcp \times 2 \leq Td \mid 2 \times Qd \times Hrm\}$$
$$Sh = \{Lcp \times 2 > Td \mid (2 - Rd + \sqrt{Lcp} \times Rd) \times Qd \times Hrm + Rbin \quad (5.38)$$

ダブルビン発注方式の必要在庫量 Ind の求め方は，補正後の供給側在庫量 Sp と補正後の手持側在庫量 Sh の合計で，式(2.39)に示す。この例の場合，$SP + Sh = (5.84 \times Qd) + (11.45 \times Qd \times Hrm)$ となる。手持余裕在庫率 Hrm について，5.6.1項で例示したばらつき率 $Rv = 66\%$，安全在庫係数 $k = 1.64$ とすると $Hrm = 2.0824$ なので，必要在庫量 $Ind = 5.84 \times Qd + 11.45 \times Qd \times 2.0824 = 29.68Qd$ となる。この量は5.6.1項で例示したデカップリング在庫の必要在庫量 $In = 101.33 \times Qd$ に対して30%程度に削減する。また，需要密度 Rd のみで補正した $In = 6.13 \times Qd$ とする場合より在庫量は増加するが，タイミングの不一致による在庫切れの多発が低減して，在庫切れ率は5%の範囲内になる。また，戦略的在庫量 S_0 が必要な場合は式(5.1)を加えた式(5.40)で求める。

$$Ind = Sp + Sh \quad (5.39)$$

$$Ind = Sp + Sh + S_0 \quad (5.40)$$

なお，供給リードタイム Lcp が数期から20期程度と短い場合，あるいは，需要発生間隔 Td が短く需要密度 Rd がほぼ100%に近い連続需要の場合，また，需要のばらつき率 Rv が正規分布に近い30%～40%程度以下の場合，デカップリグ在庫の考え方のままで補正の必要はないので，ビンを構成する需要モデルの部分に目標余裕在庫率 Trm を採用し，ロットサイズ $Qd \times Trm$ を組み合わせることでも在庫は切れにくいことがわかっている。Hrm を Trm に置き換えることにより必要在庫量 Ind は大幅に引き下げることができる。例えば，比較のために5.6.1項で例示したばらつき率 $Rv = 66\%$，安全在庫係数 $k = 1.64$ で供給リードタイム Lcp が90期とすると余裕在庫率 Trm は $1 + 1.64 \times \sqrt{(90+1)}/$

$(90+1) \times 0.66 = 1.11347$ となる。

これにより手持側在庫量 Sh は $11.45 \times Qd \times 1.11347 = 12.75 \times Qd$ となり，必要在庫量 $Ind = (5.84 + 12.75) \times Qd = 18.59Qd$ となる。このようにビンを構成する需要モデルの部分を Hrm から Trm に変えることにより $Ind = 29.68Qd$ から $18.59Qd$ に 37％の在庫量を削減する可能性がある。デカップリング在庫の目標余裕在庫率 Trm を採用するか，手持余裕在庫率 Hrm を採用するかの選択は，需要密度 Rd（需要発生間隔 Td），需要のばらつき率 Rv，供給リードタイム Lcp の三者関係の組合せで決まる。

5.7　供給能力計画

5.7.1　戦略的在庫量の供給に必要な供給能力

供給能力（extent of production capacity）の計画は事業企画の供給関連の設備投資段階，外注政策段階，日常運用段階などに分けられる。それぞれの段階において供給能力の根拠が示される。

まず，事業企画段階においては事業規模の想定を行い，必要な供給能力や外注政策へと詳細化されていく。この段階において考慮する1つに季節変動への対応がある。季節変動を考慮してピーク時の供給能力を準備することは季節外れにおいては過剰能力・過大投資になる。そのため，一般には年間を通しての需要規模の平均の供給能力を準備し，季節外れにおいて造り溜めするという判断が行われる。この造り溜めは典型的な見込在庫の一形態である。この見込在庫量は5.1.1項で述べた式(5.1)で示す戦略在庫量 S_0 であり，その保有する期間の運転資金が必要になる。その運転資金量は在庫投資である。在庫投資に対して供給能力確保の設備投資との比較によってどちらを選択するかが決められる。あるいは，本書の検討対象外であるが，災害対応などのリスクマネジメントの1つとして造り溜めを位置づける考え方などがある。

また，この造り溜めに必要な品目数が n 品目の場合，品目ごとの供給能力の合計を $E_0(n)$ とするとその大きさは式(5.41)で示すように戦略在庫量 $S_0(n)$ と等しい。そして，この供給能力は数期に分けて毎期の供給能力に上積みして用意することになる。そこで，品目 n ごとの当期 T の期番号を i とし，単位期間あたりの上積み可能な供給能力を $Et(n, i)$ とし，供給能力を上積みする期間数を

Te とすると，上積みする期間数 Te は式(5.42)で求めることができる．

$$E_0(n) = S_0(n) = |Q_0(n) - E_0(n)| \tag{5.41}$$

$$Te(n) = \frac{E_0(n, i)}{E_t(n, i)} \tag{5.42}$$

5.7.2 日常運用段階で必要な供給能力

次に，日常運用段階において考慮する供給能力の1つに，5.3.2項で述べたように需要のばらつきに対応するための安全在庫分の供給能力も用意されていなければならない．日常運用に必要な品目 n，当期 i ごとの単位期間あたり供給能力(extent of capacity)を $E_1(n, i)$ とすると，その大きさは品目ごとの需要統計に基づく単位期間あたり平均需要量 $Qd(n, i)$ を1単位量として品目ごとの目標余裕在庫率 $Trm(n, i)$ と需要密度 $Rd(n, i)$ を用いて式(5.43)で示すように求めることができる[18]．

$$E_1(n, i) = Qd(n, i) \times Trm(n, i) \times Rd(n, i) \tag{5.43}$$

また，複数の品目数 j をある設備 M(machine)で供給する場合に，1期・1回・1品目あたりの供給能力には当該品目の安全在庫量の供給分が含まれていなければならない．その1回あたりの大きさは安全在庫量を含むロットサイズ ($Qd \times Trm$) である．このロットサイズで供給すると補充の間隔は需要発生間隔 Td にほぼ同期し，供給能力に隙間があく．その隙間にそのほかの品目の供給を割り当てて j 品目を混流生産することにより供給能力の効率を維持する．個々の品目番号を n とし，ある期番号 i のある設備 M に求める単位期間あたり供給能力を $Em(i)$ とすると，その求め方は前項で示す戦略的在庫量の上積み可能な供給能力 $E_t(n, i)$ を加えて式(5.44)になる．

$$Em(i) = \sum_{n=1}^{i} (E_1(n, i) + E_t(n, i)) \tag{5.44}$$

なお，供給時に考慮しなければならない供給側に起因する歩留り，損失などは生産管理の課題として供給量の増減調整が必要になる．同様に販売時に考慮しなければならない見本品・展示品などの直接的に当期の販売に供しない需要への供給対応と在庫は戦略的在庫量として別勘定の管理が必要である．

第6章

必要在庫量の維持

6.1 在庫計画に基づく補充型需給調整方式

6.1.1 単品目の補充要求量の求め方

(1) サイフォンに学ぶ在庫補充の挙動の考え方

供給には供給リードタイム Lcp が必要である。そのため，需要時点において消費される品目は当期 T よりも供給リードタイム分さかのぼる $(T-Lcp)$ だけ過去時点において造り始めなければならない。見方を変えると，造り始める時点において，その品目の実際の消費時期は $(T+Lcp)$ の未来時点になる。そこで，造るための供給指示量の根拠として $(T+Lcp)$ の未来時点の需要(販売)計画量がなければならないと考えてしまいがちである。

しかし，その未来時点の需要(販売)計画量は予定なので現在時点において供給指示する量は見込みになる。また，見込みであっても，確定注文であっても消費されるまでの供給リードタイム期間は在庫であり，両者のその量に違いはないということは第4章で述べたとおりである。在庫量に違いがないならば在庫量を理論計算することにより，その在庫量を必要在庫量と定義して，その水準を維持するように供給するという在庫補充の考え方が生まれる。この挙動をメタファ(隠喩)で示すと図6.1で示すようなサイフォンの原理で理解することができる[21]。

サイフォンは下流側の消費予定量を知っていて水を押し込んでいるわけではない。ポンプ(押込み・プッシュ)を使わなくとも消費された水量が消費と同期して上流側から供給される。この譬えを通して需要予測に基づくプッシュ型需給調整方式および需要予測に基づくプル型需給調整方式の2方式と，需要実績に基づく補充型需給調整方式の違いが理解しやすくなる。両者の違いを具体例で示すと，供給リードタイムが90日(3カ月)のグローバルサプライチェーン

6.1 在庫計画に基づく補充型需給調整方式

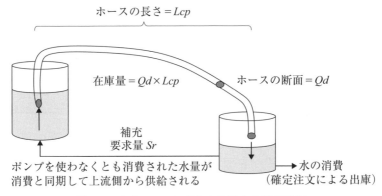

図 6.1 サイフォンに学ぶ在庫補充の挙動理解

において需要と供給を結びつける場合，プッシュ型供給方式を採用すると 90 日(3 カ月)未来時点の需要予測量を日単位に日次で予測して当日の供給量を決めることになる．しかし，90 日(3 カ月)後の需要実績は予測どおりにならないため結果として在庫の過不足が発生する．一方で，補充型需給調整方式を採用すると，毎日の需要統計に基づいて毎日の補充要求量を算出する．これは当日に売れた分を造ると 90 日(3 カ月)後に需要側に到着するので「販売可能数」を示すことになる．需要側は安全在庫量を考慮した販売可能数で販売活動が可能かを判断すればよい．販売予定数から販売可能数への変化である．

(2) 補充要求量の求め方

サイフォンの考え方を応用すると，図 6.2 に示すように，需要実績に基づく需要統計を根拠として常に必要在庫量 Ind を更新し，更新した必要在庫量を維持するよう供給側に補充要求する仕組みが実現できる[10]．

この考え方を本書では「需要実績によるフォワード型在庫計画」に基づく補充型需給調整方式(Replenishment method based on coupling point inventory planning theory)，略して，在庫計画に基づく補充型需給調整方式と呼ぶ．

品目ごとの補充要求量を求めるためには，まず，品目ごとの在庫量の実績を把握する．在庫量の実績把握は在庫の受払(入出庫)発生都度，現品を実査して報告する方式を採用するとよい．品目ごとの在庫量の実績は供給側在庫量の実績と手持側在庫量の実績に分けて採取する．品目番号を n，当期の期番号を i

第 6 章　必要在庫量の維持

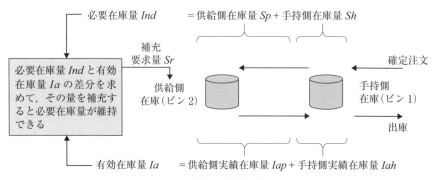

図 6.2　補充要求の考え方

とし，供給側在庫量の実績を $Iap(n, i)$，手持側在庫量の実績を $Iah(n, i)$ とする。また，供給側在庫量の実績 $Iap(n, i)$ と手持側在庫量の実績 $Iah(n, i)$ の合計を有効在庫量 Ia(available inventory) と呼び，品目ごとの有効在庫量の求め方は式 (6.1) で示す。

$$有効在庫量\ Ia(n, i) = 供給側実績在庫量\ Iap(n, i) \\ + 手持側実績在庫量\ Iah(n, i) \quad (6.1)$$

在庫補充型需給調整方式を実現するための品目・期ごとのその補充要求量を $Sr(n, i)$ とする。補充要求量 $Sr(n, i)$ は，式 (6.2) で示すように必要在庫量 $Ind(n, i)$ と有効在庫量 $Ia(n, i)$ の差分により算出する。必要在庫量 Ind は在庫水準を維持するための理論上の在庫量のことで，戦略的在庫量 S_0 を考慮しない場合の算出方法は式 (5.39) で，考慮する場合の算出方法は式 (5.1) を加えた式 (5.40) で，それぞれ算出する。

$$補充要求量\ Sr(n, i) = 必要在庫量\ Ind(n, i) \\ - 有効在庫量\ Ia(n, i) \quad (6.2)$$

必要在庫量 Ind を維持することは，前章で述べたように発生する需要に対して安全在庫係数 k で示すサービス率 (在庫切れ率) を約束することにつながる。実際の有効在庫量 Ia が必要在庫量 Ind より不足の状態になっている場合は，在庫切れが発生する。逆に過剰の状態になっている場合，在庫切れは発生しないが資金のムダが発生する。また，ある瞬間に有効在庫量 Ia が必要在庫量 Ind

の水準に維持できたとして，需要 Sd が発生するとその在庫量から出庫(払い出し)されるので実際の有効在庫量 Ia は必要在庫量 Ind より低い水準に下がり補充要求が出る。逆に，需要 Sd が発生しないままの状態が長く続くと統計で得た需要密度 Rd が小さくなり，必要在庫量 Ind は多すぎることになるので補充要求は止まる。なお，商品打ち切りなどで需要を止める場合は供給リードタイム Lcp 分の時間軸を考慮して有効在庫量 Ia が残らないように意図的に補充を停止する必要がある。

(3) デカップリング在庫理論の各発注方式と本書で提唱する方式の違い

代表的な発注方式として生産管理の立場から部品中心主義の在庫管理方式として統計的在庫管理方式が紹介されている[8][13]。それらの発注方式は，在庫状況の調査間隔を R，有効在庫量が下がったときに発注がなされる在庫水準の量を s (スモール s)，有効在庫量に対して維持したい在庫水準の量を S (ラージ S)，発注ロットサイズを Q，として，これらの組合せから発注方式が定義されている。

- a．(s, Q) 方式：発注点方式と呼ばれ，有効在庫量が発注点 s を下回った場合に発注ロット量 Q を発注する。発注点 s は式(5.18)で与えられる。発注ロット量 Q は経済ロットサイズ EOQ で与えられる。一般に不定期定量発注方式とも呼ばれている。
- b．(s, S) 方式：発注点・補充点方式と呼ばれ，考え方は (s, Q) 方式と同じであるが発注量は定量ロットサイズではなく，維持したい在庫水準 S とその時点の有効在庫量との差分である。発注量が不定量になる点が (s, Q) 方式と異なる。一般に不定期不定量発注方式とも呼ばれている。
- c．(R, S) 方式：定期補充点方式と呼ばれ，R 期ごとに維持したい在庫水準 S とその時点の有効在庫量との差分を発注する方式である。一般に定期不定量発注方式とも呼ばれている。
- d．(R, s, S) 方式：定期発注点・補充点方式と呼ばれ，R 期ごとにその時点の有効在庫量が発注点 s を下回った場合のみ，維持したい在庫水準 S とその時点の有効在庫量との差分を発注する方式である。一般に定期発注点発注方式とも呼ばれている。維持したい在庫水準 S は式(5.8)で与えられる。

第6章　必要在庫量の維持

　これら代表的な4方式は8.1.2項で紹介するABC分析のB分類の品目（Aは需要率が高い重点管理品目，Cは需要率の低い品目，Bはその中間の品目）で適用するとしている[8]。これらの発注方式は情報処理能力が今日より低く，在庫管理のサイクルが月1回程度しかできない時代に考案された方式である。現代はIT（情報技術）の活用により，毎日あるいはリアルタイムに現品管理が実施され，実地棚卸が実現できる。このようなITの進歩は定期発注方式と不定期発注方式の違いを無意味化させている。

　次に，ABC分析のB分類の品目を対象とした在庫管理方式と本書で提唱する発注方式の違いを列記する。

- e．まず，問題設定が異なる。デカップリング在庫理論においては生産管理の視点から補充要求量を決めるという考え方である。それに対して，本書で提唱する発注方式は需要側と供給側の需給調整において，供給側の供給リードタイムと需要側の要求納期の関係から適正在庫位置（カップリングポイント）を設定することにより，総在庫量を供給側と需要側に配分するという問題設定である[16]。適正在庫位置（カップリングポイント）によって品目の形態が製品・商品，部品，材料という違いが認められる。したがって，在庫計画による補充要求量の決定は部品中心に限定する必要はない。製品であってもよい。素材・材料であってもよい。重要なことは，在庫量の適正化を図るために需要側と供給側で在庫配分の仕方を決めることである。このように，本書で提唱する発注方式は生産量を決めるために在庫量を解くという問題設定ではなく，適正在庫位置を決めることによって需要側と供給側の在庫配分の仕方を決めるという問題設定である。

- f．補充要求量の決め方について，あえて，比較・理解の目的で4方式の表現方法を用いて本書で提唱する発注方式の挙動を示すと，本書で提唱する発注方式に最も近いのは(R, S)方式と(S, Q)方式の合成(R, S, Q)方式である。しかし，この表現は不適切である。本書で提唱する発注方式において，補充要求量と補充時期は解く対象ではない。補充要求量は「単位期間あたり需要量と単位期間あたり供給量を等しくすることである」と定義済みである。補充時期は出庫（売れたとき）に同期する。そのために5.5節で示したように統計技術を用いて単位期間あたり需要量の需要の

6.1 在庫計画に基づく補充型需給調整方式

モデル化を行う。

g．需要密度 Rd を考慮することにより在庫計画の適用対象品目は ABC 分析の B 分類の品目に限定しない。統計技術のうえから大数の法則が成立する需要件数があれば ABC 分析にこだわらない。

h．発注ロットサイズは EOQ を用いない。需要量に連動する式(5.32)の $Qd \times Trm$ または式(5.34)の $Qd \times Hrm$ で示す大きさを用いる。

i．在庫水準について，発注点 s，補充点 S，というようなある時点の量で決めるのではない。商売(ビジネス)に必要な在庫量(必要在庫量 In または Ind)という考え方で，需要統計に基づいて安全在庫量を考慮した $Qd \times Trm$ または $Qd \times Hrm$ のビンサイズと供給リードタイム Lcp から算定する。

j．必要在庫量の計算方式として，在庫切れさせないことを優先するダブルビン発注方式に基づく計算方法を提唱している。

k．長い供給リードタイムにおいて出庫と入庫のタイミングが合わない場合に備える在庫量の補正 Rtd を考慮する。

l．能力制約下において在庫計画が成立するように余裕在庫率 Rm を考慮する，などの違いを整理することができる。

このように，従来は部品中心に限定されてきた在庫補充方式は製品・商品を対象とした範囲にも適用範囲を広げることが可能になる。

m．多段階生産在庫問題の解決の考え方の1つに基点在庫管理システムがある[13]。本書で提唱するカップリングポイント(適正在庫位置)は，管理対象とすべき在庫位置について納期対応の在庫位置を特定することにより問題構造そのものをシンプルにしている。これが基点在庫管理システムの考え方との違いである。また，多段構造内の在庫量はすべて供給リードタイム Lcp として表現される。したがって在庫適正化の活動において多段階在庫の適正化は供給リードタイム短縮と発注間隔の短縮，ロットサイズの決め方として解決が図られる。

n．また，エシェロン(多段階)在庫のように，供給側の管理責任の外側にある下流側の在庫量を含めて供給量を決めるという考え方がある[8]。この考え方は，商売(ビジネス)に必要な総在庫量を把握するという意味で有効である。この考え方は VMI (vendor managing inventory) の仕組みによって下流側の現在の在庫実績と未来の需要予定量が表示されるように

なり実用化されている。しかし，供給側からみて下流側の総在庫量および需要予定量は不確定であり，VMI上に未来の需要予定量が掲載されていても，実際の需要量は変動するため，VMI上の数値は参考値にとどまる。エシェロン在庫は供給側の供給量を決めるために有効であるとされるが，未来時点において需要量が変動することを考慮すると，供給側は供給リードタイム分だけ常に先行して供給を開始するため，未来時点における需要変動の差分は結果的に在庫量の過不足として現れる。解決したい見込在庫の水準の安定化につながらない。また，企業間の取引においては，ややもすると購入者(需要)側が強くなり，VMI上に掲載した需要予定量について供給側に造らせておいて，しかし，引取責任を逃れるという悪弊が生じやすい。それに対して，本書で提唱する発注方式は需要予測を用いないため，原則として供給側責任のもとに補充量を決めるという考え方である。

6.1.2 供給負荷平準化と在庫水準安定化の両立

需要量 Sd は日々変動するので有効在庫量 Ia も日々変動する。そのため式(6.2)で算出される補充要求量 Sr は必要在庫量 Ind の水準で安定化するように日々変動する。これは補充要求量 Sr が変量であることから供給負荷が日々変動することを意味する。また，補充要求量 Sr が変量の場合，供給リードタイム Lcp 後の入庫量が変量になり，未来時点の到着時における需要量 Sd に対して到着量が少ない状況の場合，在庫切れの要因にもなる。この現象は定期不定量発注方式に見られる問題の1つである。また，定量発注方式に見られる現象の1つは，在庫水準が安定化するのに対して需要変動が供給負荷変動と直結することである。また，定量発注方式の肝である定量ロットサイズの決め方が明示的に示されていないことである。このように，デカップリング在庫理論における発注方式は，能力無制限という前提のもとに発注対象品目が与えられると，その品目の発注時期または発注量を決めるという問題の設定である。

それに対して，本書で紹介する需要実績によるフォワード型在庫計画に基づく在庫補充方式は，能力制約下において発注対象品目の中から発注すべき品目の順番を決めるという問題の設定である。発注量は需要量と連動するロットサイズにより安全在庫係数 k で指定するサービス率の大きさが計算できるので，

6.1 在庫計画に基づく補充型需給調整方式

解くのは発注の時期と能力制約の関係である.これにより,定期発注方式,定量発注方式の問題を解決する.まず,単品目の在庫補充において供給負荷の平準化と在庫水準の安定化を両立させるために補充要求量 Sr を式(5.32)または式(5.34)で示したロットサイズでまとめる.次に,多品目の在庫補充において次項で示す平準化発注を行う[20].これにより,図6.3に示すように供給負荷は平均需要量 Qd の合計で平準化し,在庫水準の安定化と両立する.

また,供給側が用意すべき供給能力の大きさは5.7.2項の式(5.43)で示した品目ごと単位期間あたり供給能力 E_1 が必要である.補充要求量 Sr が供給側の品目ごと単位期間あたり供給能力 E_1 を超えると,その供給能力を超えた分は当期 T で造り終えないことになり,納期遅れが発生する.(補充要求量 $Sr >$ 品目ごと単位期間あたり供給能力 E_1)の場合,その差分の(補充要求量 $Sr -$ 品目ごと単位期間あたり供給能力 E_1)が山崩しされて後ろ倒しになる.逆に,(補充要求量 $Sr <$ 品目ごと単位期間あたり供給能力 E_1)の場合,その差分の供給能力が余ることになる.

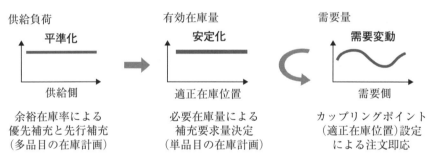

図6.3　供給負荷平準化と在庫水準安定化の両立

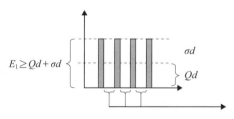

平均需要量 Qd なのに,ばらつき(標準偏差)σd に対応するための安全在庫分を考慮して供給する.そのため,ある期間を通して安全在庫分は造りすぎていることになる.

問題1:その結果,作らなくてよいとき(補充要求が出ない)が発生し,供給能力が余る.

図6.4　単品目の場合の能力割当の問題

第6章　必要在庫量の維持

このように，供給側は安全在庫量を造りすぎる分だけ供給能力が余る。そのため，供給側は図6.4で示すように，ほぼ需要発生間隔 Td に対応する間隔で間歇的に供給することになる。これにより準備する供給能力に隙間が生ずるという問題が発生する。そこで，この隙間の供給能力をムダにしないようにするため，他の品目の供給を割り当てる混流が求められる。

6.1.3　多品目の優先補充と先行補充による供給負荷の平準化
(1)　多品目補充による供給能力のムダの排除

安全在庫量を考慮してロットまとめすると安全在庫分の造りすぎによる隙間が空く。そこで，その隙間を活用して，多品目を同一設備で供給する混流供給（生産）を行う。その場合に必要な供給能力は5.7.2項で述べた式(5.44)で示す単位期間あたり設備能力 Em である。この場合，各品目の安全在庫量 Trm 分を含む多品目分の供給能力が準備されるため，図6.5で示すように供給能力は大きすぎるという問題が残る。

そこで，多品目の供給にあたり，図6.6に示すように，安全在庫の造りすぎにより発生する供給側の隙間の能力を他の品目の安全在庫分の供給能力として活用し，多品目全体として各品目の平均需要量の合計 ΣQd 分の供給能力で済ませることにより供給能力のムダを除く。そのための補充品目を選択するための考え方が優先補充と先行補充である[20]。

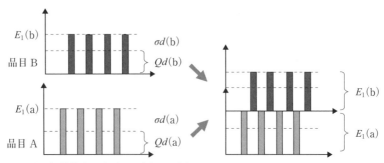

単品目で必要な供給能力の合計 $= E_1(a) + E_1(b) + \cdots$
問題2：$\sigma d(a) + \sigma d(b) + \cdots$ の造らなくてよいときの供給能力の余りが多品目分だけムダになる。

図6.5　多品目の場合の能力割当の問題

6.1 在庫計画に基づく補充型需給調整方式

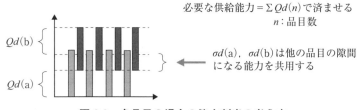

図6.6 多品目の場合の能力割当の考え方

(2) 補充品目の選定

多品目を同一設備で混流して供給する場合，準備する供給能力は平均需要量の合計ΣQdにとどめて平準化したい。一方で，供給負荷の平準化とサービス率(在庫切れ率)を安全在庫係数kの設定どおりに動作させることを両立させたい。そのために，まず，各品目の補充要求量Srは式(5.32)または式(5.34)で示したロットサイズでまとめる。ロットサイズには平均需要量Qdに対して目標余裕在庫率Trm分の安全在庫量が含まれている。これにより，サービス率(在庫切れ率)が約束される。

しかし，多品目が同時に補充要求すると補充要求量Srの合計はロットサイズの合計になり，最大で安全在庫量の合計量だけ供給負荷が供給能力を超えてしまう。この場合はどの品目を優先して供給するかという判断が求められる。逆に，需要が止まり各品目の有効在庫量Iaが減らないために補充要求が出ないことがある。この場合は準備した供給能力に負荷が割り当てられずに能力が余ってしまう。この場合は操業維持のために何かの品目を造ろうとする。このように，準備する供給能力に対して日々の補充要求による供給負荷は変動する。そこで，補充品目の適切な割当てが求められる。

多品目の補充要求において補充品目の適切な割当てを行うための考え方を図6.7に示す。補充要求量の合計が供給能力を上回る場合の補充要求は優先補充と呼ぶ。逆に，補充要求量の合計が供給能力を下回る場合の補充は先行補充と呼ぶ。

優先補充と先行補充の対象品目の選び方は余裕在庫率Rmを活用して補充品目の優先順位づけにより行う。余裕在庫率Rmは5.5.2項で述べた有効在庫量Iaに含まれる安全在庫量の余裕分の指標である。補充対象品目は各品目の余裕在庫率Rmと目標余裕在庫率Trmを比較する。比較の結果，余裕在庫率Rm

第6章 必要在庫量の維持

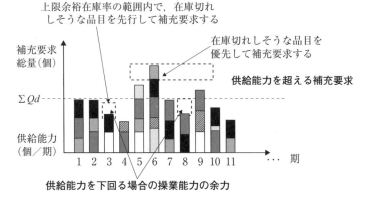

図 6.7 優先補充と先行補充の考え方

が目標余裕在庫率 Trm より小さい（$Rm < Trm$）の品目は優先補充の対象品目である。また，余裕在庫率 Rm が目標余裕在庫率 Trm より大きい（$Rm \geq Trm$）の品目は先行要求の対象品目である。

各品目の補充要求量 Sr は式(6.2)で示したように，必要在庫量 Ind と有効在庫量 Ia の差分である。また，その補充要求量は安全在庫量を考慮した（$Qd \times Trm$）または（$Qd \times Hrm$）の大きさにロットまとめされる。次に，式(6.3)で示すように補充対象の n 品目を余裕在庫率 Rm の小さい順に並べ替え，式(6.4)で示すように補充要求量 Sr を集計する。

$$Sort\{Rm(1 \sim n)\} \tag{6.3}$$

$$x^* = \left\{ \max_{1 \leq i \leq n} x \middle| \sum_{j=1}^{x} Sr(j) \leq E_d \right\} \tag{6.4}$$

そして，図6.8で示すように，その集計した補充要求量が当期の供給能力の範囲 Em を超えるところの品目までを当期 T の優先補充品目とする。当期 T を超える部分の負荷は翌期（$T+1$）の供給能力 Em から差し引いて翌期に引き継ぐ。

(3) 先行補充が許される品目の条件

先行補充対象品目はその時点 T 期において有効在庫量 Ia が必要在庫量 Ind を上回っている。それにもかかわらず供給能力が余っているので供給しようと

6.1 在庫計画に基づく補充型需給調整方式

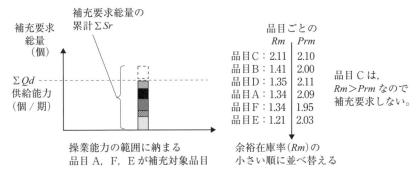

図 6.8　補充優先順位の考え方

いう品目である．そのため，在庫量が増えすぎるのを防ぐ必要がある．そこで，品目ごとに余裕在庫率の上限を与えておく．この余裕在庫率の上限のことを上限余裕在庫率 Prm (peak of margin stock ratio) と呼ぶ．余裕在庫率 Rm と上限余裕在庫率 Prm の関係は式 (6.5) で示すように，余裕在庫率 Rm が上限余裕在庫率 Prm 以下の場合は先行補充品目とし，実際に補充対象とするかどうかは供給能力に対する供給負荷の残り具合による．余裕在庫率 Rm が上限余裕在庫率 Prm を超える場合に補充対象品目から外す．上限余裕在庫率 Prm の値の範囲はダブルビン発注方式の挙動から手持側在庫量の 2 倍を上限とし，$Hrm \leq Prm \leq 2 \times Trm$ の範囲が適切である．

$$Rm \leq Prm \tag{6.5}$$

そして，先行補充対象品目の補充要求量 Sr を集計して当期の供給能力の余りの範囲に収まるように先行補充対象品目を割り当てる．先行補充対象品目の割当て方も優先補充と同様に式 (6.3) で示すように先行補充対象品目を余裕在庫率 Rm の小さい順に並べ替え，式 (6.4) で示すように補充要求量 Sr を集計していく．そして，供給能力の残りの範囲内に該当する品目までを先行補充品目とする．

なお，先行補充対象のすべての品目の余裕在庫率 Rm がそれぞれの上限余裕在庫率 Prm を上回る場合は，たとえ供給能力が余っていても在庫量の過剰を抑えるために，それらの品目の供給は行わない．この補充方式は「供給能力制約下での多品目向け最適化在庫補充方式」と呼ばれる[1][20]．

6.2 事業計画による必要在庫量の調整

6.2.1 品目のライフサイクルによる必要在庫量の調整
(1) 製品(品目)ライフサイクル

品目は,開発・試作ののち商品化・市場投入され,立上期を経て,広く需要に対応するために安定的に供給される。そののち,次の品目にバトンタッチして終息する。終息後は,市場に出回っている品目の維持・保守が行われ,役目を終えると資源として廃棄・回収される。この一連の経過は開発期,立上期,安定期,終息期,保守期,回収期と呼ばれ,一般に知られている製品ライフサイクルのことである。製品(品目)ライフサイクルの各々6期の開始時期,切り替え時期は事業計画に基づいて判断される。

本書で述べる「需要実績によるフォワード型在庫計画に基づく在庫補充方式」は,図6.9に示すように製品ライフサイクルのうち,立上期,安定期,終息期,保守期において,需要側の要求納期が供給リードタイムより短いために見込で在庫を持たなければならないような需給調整に活用されることを想定している。しかし,この4種類の期間であっても,需要側の要求納期が供給リードタイムより長い場合は確定注文による供給方式を採用し見込み在庫は保有しない。また,立上期から保守期までの在庫計画による補充方式の適用期間(品目のライフサイクル)が移動平均期間 Cm および供給リードタイム Lcp より十分長いことが前提となる。もし,品目のライフサイクルが短い場合は,補充を

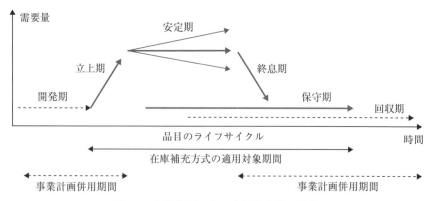

図 6.9 事業計画による必要在庫量の調整

6.2 事業計画による必要在庫量の調整

開始しても到着までに品目のライフサイクルが終わってしまうため意味がない。このような場合は事業計画による見込みで在庫を造りこんで売り切ることになる。

(2) 立上期

立上期は，まだ需要実績がないため必要在庫量を需要実績の統計処理に基づいて設定することができない。そこで，需要(販売)計画に基づくプッシュ型供給方式で開始する。需要(販売)計画の策定にあたり過去の類似品目の平均需要量とばらつき率から需要予定量を仮説化(想定)することは事業計画の業務として行われる。また，立上後30期頃を過ぎると需要実績 Sd が集まり始めるので平均需要量 Qd とその標準偏差 $σd$，需要密度 Rd が活用できるようになる。平均需要量 Qd は移動平均法で算出するので，需要の伸縮に応じて平均需要量 Qd は増減する。毎期の平均需要量 Qd と需要密度 Rd を時系列に比較することにより需要が伸長しているか，縮小しているかが判断できる。必要在庫量 Ind は平均需要量 Qd の伸縮に対して供給リードタイム Lcp の長さ倍で増減する。安全在庫量 S_1 も平均需要量 Qd の伸縮に対して供給リードタイム Lcp の長さの平方根倍で増減する。立上時の需要増減が緩やかな場合，補充の仕組みにより安全在庫量 S_1 も供給リードタイム Lcp 経過後に補充されるので，安全在庫量 S_1 の働きにより需要の伸縮に十分追随することができる。安全在庫量 S_1 の大きさは5.1.2項の例で示したように，平均需要量 Qd が100，その標準偏差 $σd$ が66，供給リードタイム L が5期，サービス率が95％($k=1.64$)，とすると安全在庫量 S_1 は $S_1 = 1.64 × \sqrt{5+1} × 66 = 265.1$ となる。これは平均需要量 Qd の2.65倍の大きさなので十分に大きいということがわかる。しかし，需要量の伸び方が速いために供給リードタイム後の補充の到着では間に合わないことが明らかな場合，需要計画の伸びに対応できるよう需要量の伸長分を戦略的在庫量 S_0 として設定し積み増すことが必要になる。需要の伸縮状況の監視については9.2.4項で述べる。

(3) 安定期

安定期は，毎期の平均需要量 Qd と需要密度 Rd を時系列に並べ，過去と現在の平均需要量 Qd 比較することにより需要の発生状況が安定的か変動的かが

わかる。過去に対する現在の平均需要量 Qd の期あたりの倍率を求め，その倍率が目標余裕在庫率 Trm の値より小さければ需要変動は安全在庫量で吸収しながら必要在庫量 Ind を更新していると考えてよい。この場合，需要統計に基づく在庫計画・補充方式は安定して動作する。また，需要が減少すると連動して補充は止まるので，造りすぎることがない。例えば，5.1.2 項の例で示したように，平均需要量 Qd が 100，その標準偏差 $σd$ が 66，供給リードタイム L が 5 期，サービス率が 95%（$k=1.64$），とすると目標余裕在庫率 Trm は $1+k×\sqrt{(Lcp+C)}/((Lcp+C))×σd/Qd=1+1.64×\sqrt{(5+1)}/((5+1))×0.66=1.44$ となる。平均需要量 Qd の変動量が瞬間最大で 1.44 倍の範囲内であれば安全在庫量 S_0 は使い切りながら動作する。

(4) 終息期

終息期は，需要量の減少に伴い平均需要量 Qd が小さくなっていく。終息期の判断で難しいのは供給打ち切り時期の判断である。後続の品目に切り替わるような場合，供給側からは出荷済みで最終需要者に渡る前の流通市場に滞留している品目が売れ残りとして在庫にならないようにしなければならない。現行品目の打ち切り時期は，総有効在庫量 Ia を測定し，縮小していく平均需要量 Qd を考慮しながら，ほぼ供給リードタイム Lcp 期間分の手前の時期を想定する。

(5) 保守期

保守期の必要在庫量の初期設定は保守活動の事業計画で策定される。保守活動の事業計画は，これまでに市場に供給したのち回収に至っていない需要総数が総対象数量になる。この総対象数量に対して，開発段階で想定している故障率などを考慮して，品目の補修に必要な補修部品の種類別の修理・交換の割合を参考にして補修部品の平均的な消費量（需要量）と保守開始時期を仮説として設定し必要在庫量 Ind を準備する。その後，実際の保守活動における補修品目の実際の消費量（需要量）を統計処理し補修部品の在庫補充計画を作成する。補修部品の修理・交換の種類には需要保安品目，機構などの耐久品目，消耗品目，あるいは，環境管理の観点からのリユース・リサイクルなど，保守特性に応じた品目分類があるので，その品目分類を考慮した在庫計画が必要である。

(6) 季節変動

季節変動の始めと終わりは立上期と終息期が数カ月ごとに繰り返される。例えば，季節の長さが3カ月(13週，91日)とすると，月次，週次の在庫補充は需要実績のサンプル数が3個〜13個と少ない。このことから需要実績の統計処理にあたり大数の法則，中心極限の定理は適用できないと考えるのが良い。日次の在庫補充は需要実績のサンプル数が91個となるので統計処理の適用が可能になる。需要統計が可能であれば，供給リードタイム Lcp の長さと季節の長さを比較し，季節の長さのほうが長いようであれば在庫補充方式は活用できる。

6.2.2 需要計画の反映よる必要在庫量の調整

立上期，終息期，季節変動，キャンペーンなどの戦略的需要量 Q_0 は戦略的在庫量 S_0 に反映され必要在庫量 Ind が上積みされる。この上積みのための需要計画を在庫計画に連携するための考え方を図6.10に示す。通常は需要実績 Sd に基づいてフォワード型在庫計画により必要在庫量 Ind が算出され補充要求量 Sr が求められる。補充要求量 Sr は供給リードタイム Lcp 経過後の未来時点に到着予定である。そこで，補充要求量 Sr が到着する未来時点における需要計画量を確認する。

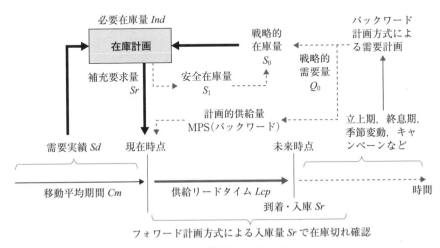

図6.10 需要計画との連携の考え方

第6章 必要在庫量の維持

例えば，キャンペーンなどの戦略的な需要促進活動が予定されている場合は，その需要計画の総量とその時点に至るまでの到着予定量から手持側在庫量の過不足を試算する。試算結果から，用意されている安全在庫量 S_1 を払い出しても不足することが明らかな場合，その不足分を安全在庫量 S_0 とする。そして，戦略的在庫量 S_0 の上積分を供給可能な能力の範囲内に収めるよう平準化し，式(5.42)を活用して上積期間を算出する。

6.3 在庫計画と補充のシミュレーション

6.3.1 在庫計画補充シミュレーションのモデル

品目ごとの適正在庫位置(カップリングポイント)において在庫補充を行うための在庫計画方式の情報処理モデルを図6.11に示す。在庫計画は，在庫受払,

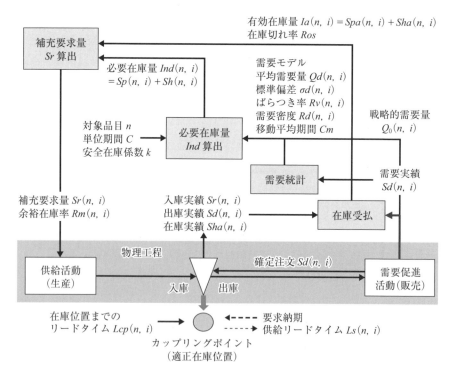

図6.11 在庫計画方式の情報処理モデル

需要統計，必要在庫量算出，補充要求量算出の4つのブロックから構成される。

この図の表記方法はG-RD(global relations diagram of function and demarcation)と呼ぶ「機能と責任境界・管轄の全体連携図」である[3]。図中の箱は役割分担の要素で，縦方向に情報を発信し，横方向から情報を受信するというルールで記述される。矢印付の線は連携する知識，情報を示す。本来のG-RDは矢印線が直角に曲がる位置にこれらの情報名が記述される。なお，本書での処理ロジックの説明には表計算の様式を併用する。

6.3.2 在庫受払ブロックの情報処理

在庫受払ブロックでは適正在庫位置から報告される入庫実績(補充要求量 Sr の到着)，出庫実績(確定注文 Sd)，在庫実績 Sha を入力情報として在庫受払計算を行い，補充要求量算出ブロックに対して有効在庫量 Ia を出力する。また，在庫切れ時の未出庫残高管理(バックオーダー処理)を行う。

在庫受払ブロックの処理例を図6.12に示す。横軸は時間の経過で1列が1期に相当する計算を分担している。最下段行の0期末在庫量の10個に翌1期入庫量の0個が加えられて1期開始時点の手持在庫量10個になる。次に，1期確定注文量と1期開始時点の在庫量を比較し，確定注文量を満たすだけの在庫量があれば欠品としない。確定注文量を満たすだけの在庫量がなければ欠品とする。また，1期は前期の未出庫残高(back order, Bo)が存在していないので，1期出庫要求量は確定注文量の5個になる。次に，1期出庫要求量の5個と1期開始時点手持在庫量の10個を比較する。1期開始時点手持在庫量のほうが1期出庫要求量より大きいので1期出庫要求量は出庫決定量の5個にな

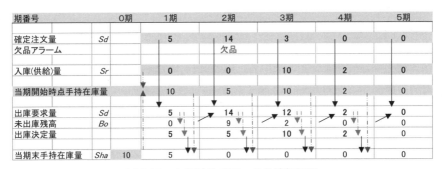

図 6.12 在庫受払ブロックの情報処理

第6章　必要在庫量の維持

り，1期開始在庫量から払出された残りの5個が1期末手持在庫量になる。

2期以降は1期目と同様の受払を繰り返す。2期の入庫量は0個なので開始時点手持在庫量は5個となる。2期の確定注文量は14個で，開始時点手持在庫量より確定注文量のほうが大きい。これは欠品である。確定注文量14個のうち，在庫量5個は払出せるので出庫決定量は5個になり，期末の手持在庫量は0個，未出庫残高は9個になる。

3期の入庫量は10個なので，このまま開始時点在庫量は10個となる。確定注文量の3個と比較すると開始時点在庫量のほうが大きい。これは欠品ではない。そして，2期の未出庫残高9個と確定注文量の3個を加えて12個が出庫要求量になる。開始時点在庫量の10個は出庫できるので，出庫確定量は10個，期末手持在庫量は0個になる。そして，未出庫残高は2個となる。4期は入庫した2個がそのまま開始時点在庫量になる。確定注文量（表記上は0個）はないので欠品にならない。そして，3期の未出庫残高2個が出庫要求量になる。開始時点在庫量の2個は出庫できるので，出庫確定量は2個，期末手持在庫量は0個になる。そして，未出庫残高は0個となる。

このように毎期の受払を続けていく。在庫切れ率の実績は，確定注文の件数（表記上の0個は注文が発生していないので件数から除く）に対する欠品の件数の割合を計算することで求めることができる。この例では確定注文件数3件のうち1件が在庫切れ（欠品）なので在庫切れ率は1/3＝33％になる。

6.3.3　需要統計ブロックの情報処理

需要統計ブロックは需要実績 Sd を入力情報として需要統計を求め，必要在庫量算出ブロックに対して平均需要量 Qd，標準偏差 σd，ばらつき率 Rv，需要密度 Rd を需要モデル情報として出力する。

需要統計ブロックの処理例を図6.13に示す。横軸は時間の経過で1列が1期に相当する計算を分担している。需要実績 Sd から平均需要量 Qd を求めるための移動平均期間 Cm は63期である。Cm 行は当期の67期から過去にさかのぼる63期間を対象として移動平均を求めるための統計対象の期間数を示す。移動平均期間の対象となるサンプルは（当期−Cm 期）〜（当期−1期）までの Cm 個の期間数の需要実績を用いることを示す。しかし，新品目立上時のように統計対象の期間数が Cm 期より短い場合は需要統計開始時点を1期として

6.3 在庫計画と補充のシミュレーション

販売実績 (需要統計用ゼロ削除)													
	Sd	28	22	20	27	21		40	25	45	35	47
需要統計ブロック 期番号	採用Cm	60	61	62	63	64	65	66	67	68	69	70	71	72
	Cm=	59	60	61	62	63	63	63	63	63	63	63	63	63
	count	27	28	29	30	31	31	32	32	32	33	34	35	36
	Qd	29.0	28.9	28.7	28.4	28.4	28.4	28.1	28.1	28.1	28.5	28.4	28.9	29.0
	σd	11.5	11.3	11.2	11.1	10.9	10.9	10.8	10.8	10.8	10.7	10.9	10.8	10.8
	Rv	39.8%	39.1%	39.0%	39.1%	38.5%	38.5%	38.5%	38.5%	38.5%	38.1%	37.7%	37.8%	37.2%
	Rd	45.8%	46.7%	47.5%	48.4%	49.2%	49.2%	50.8%	50.8%	50.8%	52.4%	54.0%	55.6%	57.1%
	Td	2.2	2.1	2.1	2.1	2.0	2.0	2.0	2.0	2.0	1.9	1.9	1.8	1.8

図 6.13 需要統計ブロックの情報処理

Cm 期に至るまでの期間数を移動平均の対象とする．この例の場合，64 期以前は期番号が統計対象の期間数に相当する．

カウント行は統計対象期間のうち需要が発生した期の件数 (サンプル数) である．需要実績がない期は欠測値になっているのでカウントされない．また，需要実績の値が 0 個の場合は需要が発生していないものとみなせるようにあらかじめ欠測値に変換しておくとよい．

枠で囲んだ 67 期を例に計算例を示す．統計対象の期間数は 63 個，そのうち需要件数は 32 個ある．需要密度 Rd は 32/63 = 50.8% である．平均的な需要発生間隔 Td は $1/Rd = 1/0.508 = 2.0$ である．単純平均すると 2 期に 1 回の割合で需要が発生していると考えられる．平均需要量 Qd は 28.1 個，標準偏差 $σd$ は

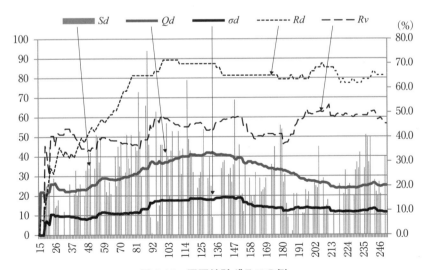

図 6.14 需要統計グラフの例

10.8 個，ばらつき率 Rv は 38.5％であることを示している。この例の品目の 15 期から 250 期までの需要状況をグラフで示すと図 6.14 のようになる。

　この例の場合の確定需要 Sd の分布は正規分布ではない。また，一様分布でもない。月末に集中する実務でよく見かける需要モデルである。需要密度 Rd が 1 期から 80 期にかけて上昇を続けており，その後は安定して需要が継続していることがわかる。また，平均需要量 Qd は 1 期から 131 期にかけて 22 個から 42 個に伸びていることがわかる。同様にばらつき率 Rd の推移は 1 期から 191 期にかけて変動している。そして，それ以降は 50％前後で安定していることがわかる。これらのことから，この品目は 190 期以降の需要が安定期に入ったことがわかる。

6.3.4　必要在庫量算出ブロックの情報処理

　必要在庫量算出ブロックは需要統計ブロックからの需要モデル情報（平均需要量 Qd，標準偏差 σd，ばらつき率 Rv，需要密度 Rd，要発生間隔 Td）を入力情報として必要在庫量 Ind を算出し，補充要求量算出ブロックに対して必要在庫量 Ind を出力する。

　必要在庫量算出ブロックの処理は，式(5.16)のデカップリング在庫理論の例を図 6.15 に，式(5.36)〜式(5.40)のダブルビン方式に基づくカップリングポイント在庫理論の例を図 6.16 に示す。横軸は時間の経過で 1 列が 1 期に相当する計算を分担している。この例は供給リードタイム Lcp = 5 の場合である。まず，デカップリング在庫理論の例は需要密度 Rd による補正が行われていない例を上段に示し，単純に需要密度 Rd を供給リードタイム Lcp に乗じた補正の例を下段に示す。需要モデルは図 6.12 および図 6.13 と同じ例を用いて示して

デカップリング在庫理論												
期番号		60	61	62	63	64	65	66	67	68	69	70	71	72
期間必要在庫量	Fd	173.8	173.6	172.1	170.4	170.1	170.1	168.8	168.8	168.8	170.9	170.3	173.1	174.2
安全在庫量	S1	46.4	45.6	45.0	44.7	44.0	44.0	43.6	43.6	43.6	43.7	43.1	43.9	43.5
必要在庫量	In	220.2	219.1	217.2	215.1	214.1	214.1	212.3	212.3	212.3	214.6	213.4	217.1	217.7
目標余裕在庫率	Trm	1.2671	1.2625	1.2616	1.2624	1.2585	1.2585	1.2582	1.2582	1.2582	1.2556	1.2530	1.2537	1.2497
手持余裕在庫率	Hrm	1.6543	1.6429	1.6408	1.6427	1.6331	1.6331	1.6325	1.6325	1.6325	1.6261	1.6198	1.6215	1.6117
需要密度Rd														
期間必要在庫量	Fd	95.2	96.4	96.9	97.1	98.1	98.1	99.6	99.6	99.6	103.1	105.0	109.0	112.0
安全在庫量	S1	34.4	34.0	33.8	33.8	33.4	33.4	33.5	33.5	33.5	33.9	33.8	34.9	34.9
必要在庫量	In_Rd	129.6	130.4	130.7	130.9	131.5	131.5	133.0	133.0	133.0	137.0	138.8	143.9	146.8

図 6.15　必要在庫量(In)算出ブロックの情報処理

6.3 在庫計画と補充のシミュレーション

いる。また，目標余裕在庫率 Trm と手持余裕在庫率 Hrm は中段に示す。

枠で囲んだ 67 期を例に計算例を示す。需要モデルは図 6.13 を参照すると，平均需要量 $Qd=28.1$，標準偏差 $\sigma d=10.8$，ばらつき率 $Rv=38.5\%$，需要密度 $Rd=50.8\%$ である。単位期間・供給リードタイムあたり在庫量(期間必要在庫量)Fd は式(5.7) から $28.1\times(5+1)=168.8$ である。安全在庫量 S_1 は $1.64\times\sqrt{5+1}\times10.8=43.6$ である。戦略的在庫量 S_0 はゼロと想定すると必要在庫量 In は式(5.8) から $168.8+43.6+0=212.3$ である。また，5.6.1 項で示した需要密度 Rd で補正すると供給リードタイム $Lcp\times Rd$ を用いるので単位期間・供給リードタイムあたり在庫量(期間必要在庫量)Fd は $28.1\times(5\times0.508+1)=99.6$ である。安全在庫量 S_1 は $1.64\times\sqrt{(5\times0.508+1)}\times10.8=33.5$ である。戦略的在庫量 S_0 はゼロと想定すると需要密度 Rd による補正後の必要在庫量 In は $99.6+33.5+0=133.0$ である。この在庫量は需要発生と入庫のタイミングが一致した場合に成立するが，実際はタイミングが合わないために在庫量が不足し，在庫切れが多発する。理論的には $133.0\sim212.3$ の間に適正な必要在庫量が存在していると考えられる。

次に，本書で紹介するダブルビン方式に基づく必要在庫量 Ind の計算例を図 6.16 に示す。供給リードタイム $Lcp=5$ の場合で，需要モデルは図 6.13 および

カップリングポイント在庫理論													
	$Lcp\leqq Td$	1	1	1	1	1	1	1	1	1	1	1	1
期番号		60	61	62	63	64	65	66	67	68	69	70	71	72
手持側在庫量													
	Qd*Hrm	47.9	47.5	47.1	46.7	46.3	46.3	45.9	45.9	45.9	46.3	46.0	46.8	46.8
Qd*Hrm-S1	Rbin_Hrm	1.5	2.0	2.0	1.9	2.3	2.3	2.3	2.3	2.3	2.6	2.9	2.9	3.3
bin correct	Rbin_Hrm	1.5	2.0	2.0	1.9	2.3	2.3	2.3	2.3	2.3	2.6	2.9	2.9	3.3
Sh_Hrm	Sh_Hrm	124.4	124.4	123.9	123.2	123.1	123.1	123.0	123.0	123.0	125.3	125.5	128.6	129.9
	Qd*Trm	36.7	36.5	36.2	35.9	35.7	35.7	35.4	35.4	35.4	35.8	35.6	36.2	36.3
Qd*Trm-S1	Rbin_Trm	-9.7	-9.0	-8.8	-8.9	-8.3	-8.3	-8.2	-8.2	-8.2	-7.9	-7.5	-7.8	-7.2
bin correct	Rbin_Trm	-9.7	-9.0	-8.8	-8.9	-8.3	-8.3	-8.2	-8.2	-8.2	-7.9	-7.5	-7.8	-7.2
Sh_Trm	Sh_Trm	84.4	85.1	84.8	84.3	84.8	84.8	84.8	84.8	84.8	86.8	87.3	89.4	91.0
供給側在庫量													
	Rtd	2.7	2.7	2.6	2.6	2.5	2.5	2.5	2.5	2.5	2.4	2.3	2.2	2.1
	Sp	102.2	103.5	104.0	104.2	105.2	105.2	106.6	106.6	106.6	110.1	111.8	115.8	118.5
戦略的安全在庫量消去													
戦略的安全在庫量	So													
	Ind_Hrm	226.6	227.9	227.8	227.3	228.3	228.3	229.6	229.6	229.6	235.4	237.3	244.4	248.4
	Ind_Trm	186.7	188.6	188.8	188.5	190.0	190.0	191.4	191.4	191.4	196.9	199.2	205.2	209.4
ダブルビン必要在庫量	Ind	226.6	227.9	227.8	227.3	228.3	228.3	229.6	229.6	229.6	235.4	237.3	244.4	248.4
	Hrm	T15.3%												
単純平均在庫量	Iav	222.5	222.5	222.5	222.5	222.5	222.5	222.5	222.5	222.5	222.5	222.5	222.5	222.5

図 6.16　必要在庫量(Ind)算出ブロックの情報処理

第6章 必要在庫量の維持

図 6.14 と同じ例を用いて示している。枠で囲んだ 67 期を例に計算例を示す。

需要モデルは図 6.13 から参照すると，平均需要量 $Qd = 28.1$，標準偏差 $\sigma d = 10.8$，ばらつき率 $Rv = 38.5\%$，需要密度 $Rd = 50.8\%$ である。目標余裕在庫率 Trm は式(5.31)から $1 + 1.64 \times \sqrt{5 + 1}/(5 + 1) \times 0.385 = 1.2582$ となる。また，手持余裕在庫率 Hrm は式(5.33)から $1 + 1.64 \times 0.385 = 1.6325$ となる。ビンサイズの候補は $Qd \times Hrm = 45.9$ または $Qd \times Trm = 35.4$ の 2 通りになる。

それぞれのビンサイズに対してデカップリング在庫理論の安全在庫量 S_1 に対する過不足分の $Rbin$ は式(5.37)から算出し，手持側在庫量 Sh は式(5.38)から，Hrm ビンの場合 $(2 - 0.508 + \sqrt{5} \times 0.508) \times 45.9 + 2.3 = 123.0$ に，または Trm ビンの場合 $(2 - 0.508 + \sqrt{5} \times 0.508) \times 35.4 + (-8.2) = 84.8$ になる。供給側在庫量 Sp は式(5.36)から $28.1 \times (2 - 0.508) \times 5 \times 0.508 = 106.6$ になる。必要在庫量 Ind は式(5.40)から，Hrm ビンの場合 $123.0 + 106.6 + 0 = 229.6$ に，Trm ビンの場合 $84.8 + 106.6 + 0 = 191.4$ になる。ダブルビン方式による必要在庫量 Ind はデカップリング在庫理論に比べると手持側在庫量として 1 ビン分（約 $1Qd$）が多く確保され，また，安全在庫量の補正 $Rbin$ と到着タイミング差の補正 Rtd が考慮されて，単純に需要密度 Rd を乗じた量より多く確保されている。この考慮により，必要在庫量 Ind の範囲は $(133.0 + 28.1 = 161.1)$ 以上で $(212.3 + 28.1 = 240.4)$ 以下の範囲が適正な必要在庫量と考えてよい。また，最下段の単純平均在庫量は移動平均法を用いないで対象サンプルデータ全体の単純平均需要量を求めてその平均需要量から算出した必要在庫量の参考値である。この例ではサンプル数合計は 148 件，単純平均需要量は 32.1，その標準偏差は 15.3，必要在庫量は 222.5 となっている。

次に，図 6.14 で示した品目の 15 期から 250 期までの需要状況に対応する必要在庫量をグラフで示すと図 6.17 のようになる。毎期の需要量は棒グラフ Sd である。デカップリング在庫理論の必要在庫量は需要密度 Rd を考慮しない場合が折線 In，考慮した場合が折線 In_Rd である。ビンサイズが $Qd \times Trm$ のダブルビン方式による必要在庫量は折線 Ind_Trm，手持側在庫量は破線 Sh_Trm である。また，ビンサイズが $Qd \times Hrm$ のダブルビン方式による必要在庫量は折線 Ind_Hrm，手持側在庫量は破線 Sh_Hrm である。手持側在庫量の破線 Sh_Hrm は毎期の需要量の棒グラフ Sd の 2 ビン分相当で最大量を上回る程度に確保されていることがわかる。横一直線の破線は単純平均による需要量 Qd から求め

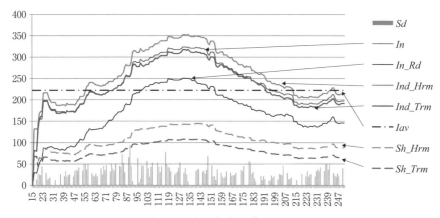

図 6.17 必要在庫量グラフの例

た必要在庫量 Iav である．平均需要量 Qd を移動平均法によって求めた必要在庫量は需要変動に応じて単純平均量 Iav の直線上を凹凸型に蛇行していることがわかる．また，ダブルビン方式のビンサイズを $Qd \times Trm$ で設定する例はデカップリング在庫理論の必要在庫量 In に近いことがわかる．

6.3.5 補充要求量算出ブロックの情報処理

補充要求量算出ブロックは必要在庫量 Ind，有効在庫量 Ia を入力情報として補充要求量 Sr，余裕在庫率 Rm を算出し，補充要求品目を決定する．また，決定した補充品目の補充要求指示を供給活動に発行する．

(1) 単品目の補充要求量算出

単品目の補充要求量算出の例を図 6.18 に示す．枠で囲んだ 67 期を例に計算例を示す．需要モデルは図 6.13 を参照すると，平均需要量 $Qd=28.1$，標準偏差 $\sigma d=10.8$，ばらつき率 $Rv=38.5\%$，需要密度 $Rd=50.8\%$ である．また，この例の必要在庫量 Ind の計算方法はダブルビン方式である．ビンサイズは $Qd \times Trm$ が用いられていて 191.4 である．供給側有効在庫量 Iap は破線で囲んだ供給リードタイム Lcp 分過去時点からの供給要求量の合計である．その量は 62 期〜66 期までの補充要求量 $20+27+22+0+2=71$ である．手持側有効在庫量 Iah は 67 期の受払が終了した時点の手持側在庫量で，この例では 81 であ

第 6 章　必要在庫量の維持

補充要求量算出ブロック													
期番号		60	61	62	63	64	65	66	67	68	69	70	71	72
供給側有効在庫量	Iap	148	139	125	90	117	139	100	71	91	89	117	155	206
手持側有効在庫量	Iah	0	19	44	72	51	51	90	81	76	58	45	0	0
有効在庫量	Ia	148	158	169	162	168	190	190	152	167	147	162	155	206
余裕在庫率	Rm	0.8517	0.9103	0.9818	0.9507	0.9875	1.1168	1.1259	0.9007	0.9896	0.8601	0.9513	0.8952	1.1828
採用必要在庫量	Ind_Trm	186.7	188.6	188.8	188.5	190.0	190.0	191.4	191.4	191.4	196.9	199.2	205.2	209.4
補充要求量	Sr	38.7	30.6	19.8	26.5	22.0	0.0	1.4	39.4	24.4	49.9	37.2	50.2	3.4
補充要求量	Sr+Bo	38.7	30.6	19.8	26.5	22.0	0.0	1.4	39.4	24.4	49.9	37.2	52.2	3.4
戦略的生産量消去	Sr_count	38.7	30.6	19.8	26.5	22.0		1.4	39.4	24.4	49.9	37.2	50.2	3.4
戦略的生産量	P0													
補充要求量	Sr+Bo+P0	38.7	30.6	19.8	26.5	22.0	0.0	1.4	39.4	24.4	49.9	37.2	52.2	3.4
Trmロットサイズ		37	37	37	36	36	36	36	36	36	36	36	37	37
Hrmロットサイズ		48	48	48	47	47	47	46	46	46	46	47	47	47
pitchロットサイズ		39	31	20	27	22	0	2	40	25	50	38	53	4
ロットまとめ（変量）	Lot	39	31	20	27	22	0	2	40	25	50	38	53	4
計画的生産量コピー														
計画的生産量消去		0	40	25	29	35	47	0	0	32	51	39	34	51
計画的生産量	MPS													
		0	0	0	0	0	0	0	0	0	0	0	0	0

（供給活動ブロック）														
期番号		60	61	62	63	64	65	66	67	68	69	70	71	72
ロットまとめ後補充要求量	Sr	39	31	20	27	22	0	2	40	25	50	38	53	4
生産所要時間offset	Lp	0	39	31	20	27	22	0	2	40	25	50	38	53
		0	39	31	20	27	22	0	2	40	25	50	38	53
緊急輸送量消去	Le													
緊急輸送量	Etrans													
輸送所要時間	Lt	48	45	55	0	0	39	31	20	27	22	0	2	40

図 6.18　補充要求量算出ブロックの情報処理

る。有効在庫量 Ia は供給側有効在庫量 Iap と手持側有効在庫量 Iah の合計なので $71+81=152$ となる。この量は余裕在庫率 Rm で表現すると式(5.30)から 0.9007 である。補充要求量 Sr は式(6.2)から $191.4-152=39.4$ となる。もし，需要受付時に在庫受払ブロックにおいてバックオーダーが発生している場合はこれにバックオーダー量を加える。また，供給側の個別の事情による戦略的生産要求量がある場合はさらに加える。次に，補充要求量をロットまとめする。この例はロットのまとめ単位が 1 で整数化しているので 40 個となっている。

　ロットまとめの後，補充要求量 Sr は供給側に伝達され供給活動を経て在庫受払ブロックの入庫に至る。図 6.18 は生産リードタイムが 1，輸送リードタイムが 4，合計の供給リードタイム $Lcp=5$ の例なので，67 期に補充要求された 40 は 68 期に輸送に回送され，72 期に受払ブロックの入庫(供給)量として到着し，73 期に発生する需要の出庫(払出)対象となる。

　次に，図 6.18 で示した品目の 15 期から 250 期までの需要状況に対応する補充要求量をグラフで示すと図 6.19 のようになる。

　この例は補充要求量が変量なので平均需要量 Qd の推移に対応して補充要求量

6.3 在庫計画と補充のシミュレーション

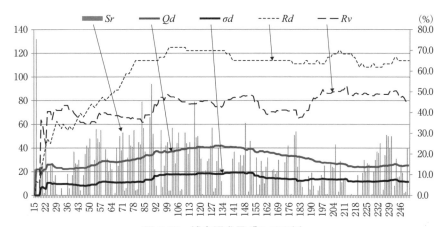

図 6.19 補充要求量グラフの例

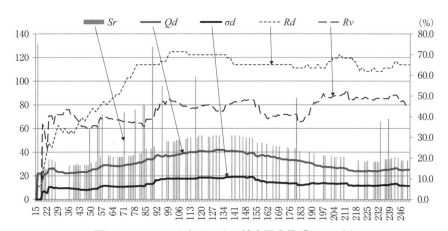

図 6.20 ロットまとめによる補充要求量グラフの例

が変化していることがわかる．また，図 6.20 にロットサイズを $Qd \times Trm$ にした場合を示す．需要量の増加・減少に追随して補充要求量が変化していることが明示的にわかる．補充要求量 Sr は安全在庫分 S_1 を考慮して設定されるため平均需要量の変化に追随するだけにとどまらず，在庫切れ率の低減に効果がある．

(2) 多品目の優先補充と先行補充の例

多品目の優先補充と先行補充の例を図 6.21 に示す．図中の横軸はシミュレー

105

第6章　必要在庫量の維持

1	期番号		60	61	62	63	64	65	66	67	68	69	70	71	72
2	品目番号	Trm													
3	品目1	1.2761	1.1164	1.2675	1.1619	1.2969	1.1756	1.4518	1.4637	1.2267	1.3511	1.0707	1.1451	1.1205	1.3837
4	品目2	1.2483	1.3610	1.1803	1.1633	1.2114	1.2668	0.9775	1.5112	1.4769	1.2361	1.2789	0.8666	1.1088	1.1795
5	品目3	1.2515	1.4232	1.4386	1.1134	0.9262	1.2189	1.3767	1.3444	1.3523	1.3844	1.0956	1.3615	1.2510	1.3655
6	品目4	1.2529	1.1733	1.4672	1.4496	1.1930	1.3100	1.4850	1.2902	1.3561	1.3411	1.3205	1.3205	1.0940	1.1877
7	品目5	1.2532	1.3330	1.1452	1.4350	1.4333	1.1042	1.1917	1.2717	1.3991	1.2739	1.5644	1.5802	1.4815	1.3621
8	品目6	1.2620	1.2332	1.3516	1.1222	1.4011	1.3760	1.2607	1.3879	1.2962	1.2500	1.5525	1.5749	1.5803	1.5803
9	品目7	1.2741	1.5803	1.4341	1.2915	1.4388	1.4362	1.4475	1.3197	1.1794	1.3766	1.2337	1.2823	1.6007	1.5619
10	品目8	1.2741	1.3667	1.2818	1.5128	1.5325	1.3887	1.3859	1.3533	1.2237	1.4158	1.3703	1.2679	1.1216	1.4219
11	品目9	1.2749	1.4354	1.3007	1.1985	1.3970	1.2995	1.1580	1.4598	1.4851	1.4851	1.3075	1.1446	1.2188	1.5096

図 6.21　多品目の余裕在庫率の例

ションの期番号で，縦軸は品目番号である．この例では品目1から品目9が補充対象品目である．補充品目決定の計算式は6.3.1項を参考にする．まず，各品目の補充要求量算出ブロックの余裕在庫率 Rm と補充量算出の該当期の目標余裕在庫率 Trm が1カ所に集められて転記される．

次に，品目別に補充要求量算出の該当期の目標余裕在庫率 Trm と余裕在庫率 Rm を比較して優先補充対象か先行補充対象かを区分する．例えば，図6.21の枠で囲んだ67期が補充要求量算出の該当期とすると，図6.22の左側のようになる．目標余裕在庫率 Trm が余裕在庫率 Rm より大きい品目は優先補充品目になる．逆に，目標余裕在庫率 Trm が余裕在庫率 Rm より小さいか等しい品目は先行補充品目になる．合わせて，各品目のロットまとめ後の補充要求量 Sr を設定する．この例の場合，ロットサイズは $Qd×Trm$ の大きさを採用している．そして，図の右側にあるように，優先補充品目の中で余裕在庫率 Rm の小さい順に並べ替える．次に，品目ごとのロットサイズを集計していき，その大きさが供給能力の範囲を超えた直後の品目までを補充対象品目とする．この例では品目6，品目3，品目4，品目5，品目2，の5品目である．供給能力の大

13	Rm並べ替え	67期						品目番号	Lot	Trm	優先	Σlot	決定
14	優先·先行設定	Qd	Lot	Trm		Rm	優先補充対象						
15	品目1	28.1	36	1.2761	<=	1.2267	1	品目6	115	1.2962	0	115	補充
16	品目2	14.5	19	1.2483	>	1.4769	0	品目3	42	1.3523	0	157	補充
17	品目3	33.5	42	1.2515	>	1.3523	0	品目4	52	1.3561	0	209	補充
18	品目4	41.2	52	1.2529	>	1.3561	0	品目5	32	1.3991	0	241	補充
19	品目5	25.4	32	1.2532	>	1.3991	0	品目2	19	1.4769	0	260	補充
20	品目6	90.5	115	1.2620	>	1.2962	0	品目9	17	1.4851	0	277	
21	品目7	3.1	4	1.2741	<=	1.1794	1	品目7	4	1.1794	1	281	
22	品目8	5.6	8	1.2741	<=	1.2237	1	品目8	8	1.2237	1	289	
23	品目9	12.7	17	1.2749	>	1.4851	0	品目1	36	1.2267	1	325	
24		合計	255										

図 6.22　余裕在庫率の並べ替えの例

きさは補充対象品目の平均需要量 Qd の合計（ΣQd）以上が必要である。また，各品目の需要密度 Rd が低い場合は式(5.43)で示した大きさでよい。この例では品目1を除くその他の品目の需要密度が示されていないので255以上の供給能力を仮定している。

また，優先補充品目の補充要求量の合計が供給能力を下回る場合は供給能力が余っている状態である。供給能力が余る場合は先行補充品目の中から余裕在庫率 Rm が低い順に補充要求量 Sr を集計し，供給能力を超える直後の品目までを先行補充対象品目とする。

なお，この図に示されていないが，式(6.5)で示したように余裕在庫率 Rm が上限余裕在庫率 Prm を超える品目は補充しない。上限余裕在庫率 Prm の値はビン数が2本という意味で2.0（Qd の2倍）から目標余裕在庫率 $Trm \times 2$ 倍（安全在庫量 S_1 を考慮した大きさの2倍）の範囲内が適切である。

6.4　シミュレーションによる在庫の挙動の理解

6.4.1　在庫の挙動理解の必要性

在庫計画補充シミュレーションを活用すると需要と供給の関係から派生するさまざまな在庫の挙動が理解しやすくなる。在庫の挙動の理解は，需要予測に基づく操業を行わなければならないような実務の局面においても役立つ。需要予測の精確度に応じたケースを用意し，それぞれがどのような在庫の挙動になるかについて，仮に在庫計画がある場合の状況を想定してシミュレーションすることによりケース間の比較が可能になる。

シミュレーションで評価する項目は実際に発生した需要量 Sd に対する必要在庫量 Ind，有効在庫量 Ia，在庫切れ率 Ros（out of shortage ratio），総利益棚卸資産交叉比率 KPI_3 である。また，シミュレーションによる在庫の挙動で知りたい内容は，在庫切れの理由，需要密度 Rd の作用，必要在庫量と有効在庫量および在庫切れの関係，ロットまとめの作用，緊急時の輸送手段変更の作用，単純平均による必要在庫量と移動平均による必要在庫量の違い，需要予測（需要計画）方式と在庫補充方式の比較，総利益棚卸資産交叉比率の見通しなどである。

実務においては品目ごとに，これらのシミュレーションによって得られる知

見に基づいてサービス率の維持・向上とキャッシュを生み出すに最もふさわしい需要と供給の調整方式を選定する．次に，代表的な場面を例に，在庫の挙動を解説する．

6.4.2 在庫切れの理由（在庫受払ブロック）

在庫切れが発生した場合に，その理由がわかると対策が取りやすい．在庫が切れる理由には，

理由番号1：タイミングが合わない，入庫(到着)が間に合わない，
理由番号2：到着量が少ない，
理由番号3：需要量が($Qd \times Trm$)より大きい，
理由番号4：需要量が($Qd \times HTrm$)より大きい，
理由番号5：安全在庫量を消費し続けるようなやや多めの需要が連続していて安全在庫量の補充が遅れる，

の5つの状況が考えられる．

タイミングが合わない理由とは，当期の需要に対応するための入庫量が到着していることが理想状態であるのに対して入庫量がゼロの場合を指す．到着量が少ない理由とは，入庫しているもののその量は当期の需要量より少ない場合を指す．需要量が($Qd \times Trm$)より大きい理由とは，当期の需要量がデカップリング在庫理論で想定している安全在庫量の大きさより大きい場合を指す．需要量が($Qd \times Hrm$)より大きい理由とは，当期の需要量が本書で提唱するダブルビン方式で想定している安全在庫量の大きさより大きい場合を指す．安全在庫量の補充が遅れる理由とは，平均需要量 Qd 以上の需要が当期以前に連続しており，そこで消費された安全在庫量が供給リードタイム Lcp 後に到着するよりも早く多めの需要が連続して到着している場合を指す．

例えば，図6.13および図6.14と同じ需要モデルを用いて，デカップリング在庫理論で算出する需要密度 Rd を掛けた必要在庫量 In_Rd でシミュレーションした例を図6.23に示す．62期を例に説明すると，確定需要量は20，入庫(供給)量は5なので入庫(供給)量が小さい．そこで62期の在庫切れの理由は「理由番号2：入庫量が小さい」と分類している．64期の場合，需要量は21，入庫(供給)量は0なので入庫(供給)が間に合わない．そこで64期の在庫切れの理由は「理由番号1：タイミングが合わない」と分類している．

在庫受払ブロック														
期番号		60	61	62	63	64	65	66	67	68	69	70	71	72
需要(セル数, 件数)	228	28	22	20	27	21	0	0	40	25	45	35	47	0
確定需要量	*Sd*	28	22	20	27	21	0	0	40	25	45	35	47	0
欠品アラーム	6			−15		−21				−5	−7	−13	−47	
在庫切れ率	Ros			2		1				2	2	2	1	
入庫(供給)量	*Sr*	54	44	5	53	0	0	28	45	20	38	22	0	9
	Sr_count	54	44	5	53			28	45	20	38	22		9
当期開始時点手持在庫量		54	44	5	53	0	0	28	45	20	38	22	0	9
出庫要求量		176	144	120	142	110	110	110	122	102	127	124	149	149
未出庫残高		122	100	115	89	110	110	82	77	82	89	102	149	140
出庫決定量		54	44	5	53	0	0	28	45	20	38	22	0	9
当期末手持在庫量		0	0	0	0	0	0	0	0	0	0	0	0	0

図 6.23　在庫切れの理由の例

採用する必要在庫量		1	In_Rd	2					
必要在庫量	In_Rd	173.9	5.6 Qd	+−correct		49.7	28.6%	250.8	0.0
In比率		71.6%		σ	σ/Ave	max	min	In比較	
供給側在庫量	Iap	108.1	3.5 Qd	51.3	47.5%	254.0	0.0	3.0 Qd	Lcp*Rd
手持側在庫量	Iah	51.0	1.6 Qd	55.5	108.7%	241.0	0.0	2.5 Qd	In−Iap
有効在庫量	Ia	159.1	5.1 Qd	75.2	47.3%	254.0	61.0	0.5 Qd	In−Ia
余裕在庫率	Rm	0.8371		0.1594	19.0%	1.2982	0.0000	64.7%	Trm比
入庫(供給)量	Sr	28.8	0.9 Qd	16.6	57.5%	79.0	1.0		
需要モデル	Qd	31.3			Qd(max−min)	42.0	20.7	Trm	1.2933
	σd	13.7			σd(max−min)	94.0	1.0	Hrm	1.7183
	Rv	43.7%		4.7%		53.0%	0.0%		
	Rd	60.7%		4.7%		71.4%	0.0%		
	Td	1.6							
	需要件数	148	228					在庫切れ率	29.7%
				ロットまとめ	0	変量		理由別在庫切れ回数	44
生産LT		1	期	ロットサイズ	5			補充時期不一致	15
輸送LT		4	期	ピッチロット	1			入庫量が小さい	29
供給リードタイム	Lcp	5	期					需要量>Qd*	0
サービス率		95.0%						需要量>Qd*	0
安全在庫係数	k	1.64		補充スイッチ	Replenish	on		連続大量需要	0
単位期間	C	1						初期在庫設定(外数)	6

図 6.24　在庫切れの総合的な判断の例

この例の品目の 15 期から 250 期までの需要状況に対応する補充シミュレーション結果のまとめを図 6.24 に示す。平均の必要在庫量 Ind_Rd は 173.9 である。その水準は需要密度 Rd を考慮しない場合の必要在庫量 In の 71.6% に相当する。シミュレーション結果の有効在庫量 Ia は 159.1 である。右下に示す在庫切れの回数は 44 回，在庫切れ率は 29.7% である。右下の在庫切れの理由と回数は，理由番号 1 のタイミングが合わない場合が 15 回，理由番号 2 の入庫量が小さい場合が 29 回である。また，目標余裕在庫率 Trm は 1.2933 である。シミュレーション結果の平均余裕在庫率 Rm は 0.8371 で 1.0 を下回っている。これらのシミュレーション結果から必要在庫量 In_Rd それ自体が少ないということがわかる。

6.4.3 需要密度 Rd による補正で在庫切れが多発する例

　需要密度 Rd による必要在庫量の補正は供給リードタイム Lcp が長い国際調達や需要発生間隔 Td が供給リードタイム Lcp より長く，ときどきしか動かない低頻度の品目について必要以上に在庫を保有しないために採用する。ここで，必要在庫量を下げることによる在庫切れが多発する例を図 6.25 に示す。

　これは図 6.24 で示した品目の 15 期から 250 期までの需要に対して需要密度 Rd による必要在庫量の削減を行った補充シミュレーション結果のグラフである。この例の平均的な需要密度 Rd は 60.7％（$Td = 1/0.607 = 1.6$）である。本来であれば需要発生間隔 $Td = 1.6$ で供給リードタイム $Lcp = 5$ より短いので需要密度 Rd による必要在庫量 In の補正は止めるべき品目である。

　この例では図 6.13 および図 6.14 で示す需要統計において需要密度 Rd が高くなり始めているという変化に気付かないまま操業したと仮定する。破線は有効在庫量 Ia の推移を示す。有効在庫量 Ia は採用した必要在庫量 In_Rd をなぞるように推移していることから，在庫水準は必要在庫量に追随していることがわかる。しかし，必要在庫量それ自体が少ないため欠品アラーム（在庫切れ）が図の下側の棒グラフとして多数表示されているのが観察できる。また，余裕在庫率 Rm は 0.8371 前後で推移していて低い水準である。106 期以降は手持在庫量が手持側に残るようになるが，余裕在庫率の推移は 1.0 を超えることがない。この推移から，手持側に在庫が存在していても実際は在庫不足の状況であるといえる。

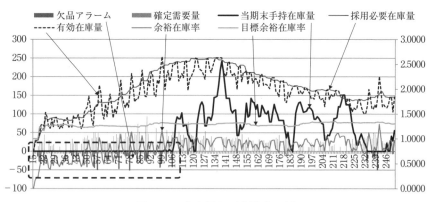

図 6.25　在庫切れが多発する例

6.4.4 デカップリング在庫理論の必要在庫量 *In* の例

次に，必要在庫量の選択を図 6.24 の *In_Rd* からデカップリング在庫理論の必要在庫量 *In* に変更した例を図 6.26 に示す。平均の必要在庫量 *In* は 242.8 である。この水準はデカップリング在庫理論の基準に相当する。シミュレーション結果の有効在庫量 *Ia* は 223.9 である。右下の在庫切れの回数は 6 回，在庫切れ率は 4.1％であることを示している。

右下の在庫切れの理由と回数は，理由番号 1 のタイミングが合わない場合が 1 回，理由番号 2 の入庫量が小さい場合が 5 回である。また，目標余裕在庫率 *Trm* は 1.2933 である。シミュレーション結果の平均余裕在庫率 *Rm* は 1.1925 で目標余裕在庫率 *Trm* の水準より低い。

これらのシミュレーション結果から必要在庫量 *In* それ自体は適度であるということがわかる。しかし，余裕在庫率 *Rm* が目標余裕在庫率 *Trm* より低いのでもう少し在庫を積んで在庫切れ率を下げることができるか実験する。この改善は，在庫切れの理由番号 2 の入庫量が小さい場合という理由に着目してロットまとめする対策案である。

6.4.5 ロットサイズ *Qd*×*Trm* でまとめる例

補充要求量 *Sr* が変量の場合，確定需要量 *Sd* の大小と逆の大きさで補充要求量 *Sr* が変化する。その影響は供給リードタイム *Lcp* 後の入庫量となる。その

採用する必要在庫量		**0**	*In*	**2**					
必要在庫量	*In*	242.8	7.8 Qd	+-correct		49.8	20.5%	323.8	0.0
*In*比率		100.0%		σ	σ/Ave	max	min	*In*比較	
供給側在庫量	Iap	106.4	3.4 Qd	56.6	53.2%	264.0	0.0	3.0 Qd	Lcp*Rd
手持側在庫量	Iah	117.5	3.8 Qd	66.9	56.9%	314.0	0.0	4.7 Qd	In-Iap
有効在庫量	Ia	223.9	7.2 Qd	79.8	35.7%	324.0	67.0	0.6 Qd	In-Ia
余裕在庫率	Rm	1.1925		0.1224	10.3%	1.4726	0.0000	92.2%	Trm比
入庫(供給)量	Sr	29.4	0.9 Qd	18.2	62.0%	94.0	1.0		
需要モデル	Qd	31.3		Qd(max-min)		42.0	20.7	Trm	1.2933
	σd	13.7		σd(max-min)		94.0	1.0	Hrm	1.7183
	Rv	43.7%		4.7%		53.0%	0.0%		
	Rd	60.7%		4.7%		71.4%	0.0%		
	Td	1.6							
	需要件数	148	228					在庫切れ率	4.1%
				ロットまとめ	0	変量		理由別在庫切れ回数	6
生産LT		1	期	ロットサイズ	5			補充時期不一致	1
輸送LT		4	期	ピッチロット	1			入庫量が小さい	5
供給リードタイム	Lcp	5	期					需要量>Qd*	0
サービス率		95.0%						需要量>Iap	0
安全在庫係数	k	1.64		補充スイッチ	Replenish	on		連続大量需要	0
単位期間	C	1						初期在庫設定(外数)	5

図 6.26 デカップリング在庫理論の必要在庫量 *In* の例

第6章　必要在庫量の維持

採用する必要在庫量		0	In	2					
必要在庫量	In	242.8	7.8 Qd	+-correct		49.8	20.5%	323.8	0.0
	In比率	100.0%		σ	σ/Ave	max	min	In比較	
供給側在庫量	Iap	106.1	3.4 Qd	61.5	58.0%	281.0	0.0	3.0 Qd	Lcp*Rd
手持側在庫量	Iah	136.3	4.4 Qd	69.6	51.0%	325.0	0.0	4.7 Qd	In-Iap
有効在庫量	Ia	242.4	7.8 Qd	82.0	33.8%	345.0	118.0	0.0 Qd	In-Ia
余裕在庫率	Rm	1.2921		0.1310	10.1%	1.5652	0.0000	99.9%	Trm比
入庫(供給)量	Sr	45.8	1.5 Qd	16.0	34.9%	129.0	22.0		
需要モデル	Qd	31.3		Qd(max-min)		42.0	20.7	Trm	1.2933
	σd	13.7		σd(max-min)		94.0	1.0	Hrm	1.7183
	Rv	43.7%		4.7%		53.0%	0.0%		
	Rd	60.7%		4.7%		71.4%	0.0%		
	Td	1.6							
	需要件数	148	228	ロットまとめ	3	Qd*Trm	在庫切れ率	1.4%	
生産LT		1	期	ロットサイズ	5		理由別在庫切れ回数		2
輸送LT		4	期	ピッチロット	1	48	補充時期不一致		2
供給リードタイム	Lcp	5	期				入庫量が小さい		0
サービス率		95.0%					需要量>Qd*		0
安全在庫係数	k	1.64		補充スイッチ	Replenish	on	需要量>Qd*		0
単位期間	C	1					連続大量需要		0
							初期在庫設定(外数)		5

図6.27　ロットサイズ $Qd \times Trm$ でまとめる例

ため，供給リードタイム Lcp 後の需要量 Sd の大きさと不一致が発生し在庫切れになるという現象が表面化する。これが在庫切れの理由番号2の入庫量が小さい場合である。これを解決するために補充要求量 Sr を定量化する。定量化の大きさは，在庫切れの理由番号3を考慮して平均需要量 $Qd \times Trm$ とし，その例を図6.27に示す。

まず，平均の必要在庫量 In は242.8で変わらない。シミュレーション結果の有効在庫量 Ia は242.4でロットまとめする分だけ増えている。右下欄の在庫切れ回数は2回，在庫切れ率は1.4%と改善したことを示している。在庫切れの理由と回数は，理由番号1のタイミングが合わない場合が2回で，理由番号2の入庫量が小さい場合は0回になった。在庫切れの状況が改善したことがわかる。目標余裕在庫率 Trm は1.2933である。シミュレーション結果の平均余裕在庫率 Rm は1.2921で目標余裕在庫率の水準に限りなく近い。これらのシミュレーション結果から必要在庫量 In それ自体は適度であるということがわかる。このように補充要求量 Sr をロットでまとめることは，理由番号2の入庫量が小さい場合の在庫切れに有効であることがわかる。

6.4.6　ダブルビン方式の必要在庫量 Ind_Trm の例

(1)　ダブルビン方式のシミュレーション結果

必要在庫量の選択をダブルビン方式の必要在庫量 Ind_Trm とした例を図6.28

6.4 シミュレーションによる在庫の挙動の理解

採用する必要在庫量		2	Ind_Trm	2				
必要在庫量	Ind_Trm	229.6	7.3 Qd	+-correct		59.7	26.0%	327.6	0.0
	In比率		94.6%		σ	σ/Ave	max	min	In比較
供給側在庫量	Iap	106.2	3.4 Qd		55.8	52.6%	261.0	0.0	3.0 Qd	Lcp*Rd
手持側在庫量	Iah	104.9	3.4 Qd		70.3	67.0%	316.0	0.0	4.3 Qd	In-Iap
有効在庫量	Ia	211.1	6.7 Qd		84.4	40.0%	328.0	67.0	0.6 Qd	In-Ia
余裕在庫率	Rm	1.1109			0.1615	14.5%	1.4532	0.0000	85.9%	Trm比
入庫(供給)量	Sr	27.5	0.9 Qd		18.2	66.0%	94.0	1.0		
需要モデル	Qd	31.3		Qd(max-min)		42.0	20.7	Trm	1.2933
	σd	13.7		σd(max-min)		94.0	1.0	Hrm	1.7183
	Rv	43.7%			4.7%		53.0%	0.0%		
	Rd	60.7%			4.7%		71.4%	0.0%		
	Td	1.6								
	需要件数	148	229	ロットまとめ	0	変量	在庫切れ率	4.7%
							理由別在庫切れ回数	7
生産LT		1	期	ロットサイズ	5		補充時期不一致	2
輸送LT		4	期	ピッチロット	1		入庫量が小さい	5
供給リードタイム	Lcp	5	期				需要量>Qd	0
サービス率		95.0%					需要量>Qd	0
安全在庫係数	k	1.64		補充スイッチ	Replenish	on	連続大量需要	0
単位期間	C	1					初期在庫設定(外数)	5

図 6.28 ダブルビン方式の必要在庫量 Ind_Trm の例

に示す。この例の補充要求量 Sr は変量である。平均の必要在庫量 Ind_Trm は 229.6 である。その水準はデカップリング在庫理論を基準とすると 94.6% に相当する。シミュレーション結果の有効在庫量 Ia は 211.1 でデカップリング在庫理論より若干少ない。右下欄の在庫切れの回数は 7 回,在庫切れ率は 4.7% である。右下欄の在庫切れの理由は,理由番号 1 のタイミングが合わない場合が 2 回,理由番号 2 の入庫量が小さい場合が 5 回であることを示している。また,シミュレーション結果の平均余裕在庫率 Rm は 1.1109 で目標余裕在庫率の水準より低い。これらのシミュレーション結果から必要在庫量 In それ自体は少ないと思われる。また,在庫切れ率は目標の 5% 以下である。

(2) ダブルビン方式の補充シミュレーショングラフの例

必要在庫量の選択をダブルビン方式の必要在庫量 Ind_Hrm とした例の品目の 15 期から 250 期までの需要状況に対応する補充シミュレーション結果のグラフを図 6.29 に示す。破線は有効在庫量 Ia の推移を示す。有効在庫量 Ia は採用した必要在庫量 Ind_Trm をなぞるように推移していることから,在庫水準は必要在庫量による統制が有効であることがわかる。また,欠品アラーム(在庫切れ)は図の左下側の棒グラフとして表示されているのが観察できる。これは立上時の需要増加に対応できない時期の在庫切れである。また,余裕在庫率 Rm は 1.1109 前後で目標余裕在庫率 Trm の 1.2933 より低めに推移している。しか

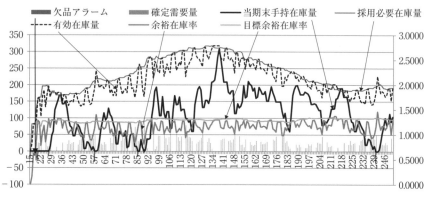

図 6.29　ダブルビン方式の補充シミュレーショングラフの例

し，239 期頃には需要量の減少に追随して手持在庫量も下がり，余裕在庫率の推移は目標余裕在庫率 Trm の水準に近くなる。この推移から，在庫量の合計は安定的に推移していることがわかる。

6.4.7　緊急時の輸送手段変更の作用

次に，品目の立上期や急な需要発生によって在庫受払ブロックにおいて在庫切れが予測されることがある。この場合，供給側で輸送待ちになっている品目を通常と異なる輸送手段を用いて在庫位置まで届けることにより在庫切れを回避することができる。例えば，国内の輸送を計画的配車で輸送リードタイム Lt（lead-time of transportation）$=4$ で配送していたとする。これを宅配便の活用により 1 日で緊急輸送すると在庫受払の変化を観察することができる。

まず，図 6.13 および図 6.14 で示した品目の立上期 15 期から 22 期の在庫受払の状況の例を図 6.30 に示す。15 期は初期の手持在庫量がゼロのため在庫切れになる。また 16 期では必要在庫量 Ind が求められ補充要求量 Sr は 132 となり供給側に指示される。生産リードタイム 1 期後に輸送可能な状況になる。こうして 15 期の補充要求量 22，および 16 期の補充要求量 132 は 21 期，22 期に入庫（供給）される。しかし，それまでに発生する 18 期から 21 期までの需要量 Sd に対しては在庫切れの理由 1 の品目の入庫（到着）が間に合わないために在庫切れとなる。

そこで，図 6.31 で示すように 16 期の 22 と 17 期の 132 が供給側で生産済み

6.4 シミュレーションによる在庫の挙動の理解

在庫受払ブロック

期番号		14	15	16	17	18	19	20	21	22	23	24
需要(セル数,件数)	228	0	22	0	0	13	27	25	24	45	0	0
確定需要量	Sd	0	22	0	0	13	27	25	24	45	0	0
欠品アラーム	5		−22			−13	−27	−25	−2			
在庫切れ率	Ros		1			1	1	1	2			
入庫(供給)量	Sr		0	0	0	0	0	0	22	132	0	13
	Sr_count								22	132		13
当期開始時点手持在庫量		0	0	0	0	0	0	0	22	132	0	13
出庫要求量		0	22	22	22	35	62	87	111	134	2	2
未出庫残高		0	22	22	22	35	62	87	89	2	2	2
出庫決定量		0	0	0	0	0	0	0	22	132	0	0
当期末手持在庫量		0	0	0	0	0	0	0	0	0	0	11
平均手持在庫量												

(供給活動ブロック)

期番号		14	15	16	17	18	19	20	21	22	23	24
ロットまとめ後補充要求量	Sr	0	22	132	0	13	27	25	2	43	20	0
生産所要時間offset	Lp	0	0	22	132	0	13	27	25	2	43	20
		0	0	22	132	0	13	27	25	2	43	20
緊急輸送量消去	Le											
緊急輸送量	Etrans											
輸送所要時間	Lt	0	0	0	0	0	0	22	132	0	13	27

図 6.30 緊急輸送前の在庫受払の例

期番号		14	15	16	17	18	19	20	21	22	23	24
需要(セル数,件数)	228	0	22	0	0	13	27	25	24	45	0	0
確定需要量	Sd	0	22	0	0	13	27	25	24	45	0	0
欠品アラーム	2		−22						−2			
在庫切れ率	Ros		1						1			
入庫(供給)量	Sr		0	0	0	22	132	0	0	0	0	0
	Sr_count					22	132					
当期開始時点手持在庫量		0	0	0	0	22	132	92	67	43	0	0
出庫要求量		0	22	22	22	35	40	25	24	45	2	2
未出庫残高		0	22	22	22	13	0	0	0	2	2	2
出庫決定量		0	0	0	0	22	40	25	24	43	0	0
当期末手持在庫量		0	0	0	0	0	92	67	43	0	0	0
平均手持在庫量												

(供給活動ブロック)

期番号		14	15	16	17	18	19	20	21	22	23	24
ロットまとめ後補充要求量	Sr	0	22	132	0	0	0	0	0	112	18	0
生産所要時間offset	Lp	0	0	22	132	0	0	0	0	0	112	18
		0	0	0	0	0	0	0	0	0	112	18
緊急輸送量消去	Le											
緊急輸送量	Etrans					22	132					
輸送所要時間	Lt	0	0	0	0	22	132	0	0	0	0	0

図 6.31 緊急輸送後の在庫受払の例

になるところで緊急輸送する。この例の緊急輸送リードタイム Le (lead-time of emergency transportation) は1である。これにより入庫(到着)は18期と19期に早まり21期までの需要に間に合う。ここで，22期に在庫不足が−2発生

第 6 章　必要在庫量の維持

在庫受払ブロック																	
期番号		9	10	11	12	13	14	15	16	17	18	19	20	21	22	23	24
需要(セル数, 件数)	228	0	0	0	0	0	0	22	0	0	13	27	25	24	45	0	0
確定需要量	Sd	0	0	0	0	0	0	22	0	0	13	27	25	24	45	0	0
欠品アラーム	0																
在庫切れ率	Ros																
入庫(供給)量	Sr							156	0	0	0	0	0	0	20	0	13
	Sr_count							156							20		13
当期開始時点手持在庫量		0	0	0	0	0	0	156	134	134	134	121	94	69	65	20	33
出庫要求量		0	0	0	0	0	0	22	0	0	13	27	25	24	45	0	0
未出庫残高		0	0	0	0	0	0	0	0	0	0	0	0	0	0	0	0
出庫決定量		0	0	0	0	0	0	22	0	0	13	27	25	24	45	0	0
当期末手持在庫量		0	0	0	0	0	0	134	134	134	121	94	69	45	20	20	33
平均的手持在庫量																	
戦略的生産量	P_e	156															
(供給活動ブロック)																	
期番号		9	10	11	12	13	14	15	16	17	18	19	20	21	22	23	24
ロットまとめ後補充要求量	Sr	156	0	0	0	0	0	0	20	0	13	5	48	30	0	14	0
生産所要時間offset	Lp	0	156	0	0	0	0	0	0	20	0	13	5	48	30	0	14
		0	156	0	0	0	0	0	0	20	0	13	5	48	30	0	14
緊急輸送量消去	Le																
緊急輸送量	$Etrans$																
輸送所要時間	Lt	0	0	0	0	0	156	0	0	0	0	0	0	20	0	13	5

図 6.32　戦略的生産量の例

する。15期から22期までの需要量 Sd の合計は $(22+13+27+25+24)=156$ である。しかし，在庫計画による補充要求量 Sr の合計は $(22+132)=154$ であるため差分の2が在庫切れとなる。このように，緊急輸送による入庫(到着)量の調整は補充要求量の範囲内で行われる。

　これに対して，この例の場合，緊急輸送の必要性が明らかになる16期において戦略的生産量として2を追加すると22期までの入庫(供給)量の合計は $(22+132+2)=156$ となり，在庫切れは回避できる。あるいは，図 6.32 に示すように，立上期であることを考慮して補充が始まる前の9期に戦略的生産量 156 を指示する考え方もある。これは初期在庫量の設定に相当する。適切な初期在庫量の設定は在庫切れ率の改善にもつながる。

6.4.8　単純平均と移動平均の必要在庫量の違い

　需要予測によるバックワード型供給方式を採用している場合に，需要予測の精度を高めることは難しい。需要予測の難しさの1つは，1期間の長さを日単位にしようとすると供給リードタイム Lcp 後の未来時点の日々の需要量を精確に日単位で予測できないことにある。しかし，週や月などでまとめるとそれなりに予測精度は向上する。その結果，週や月などでまとめた需要予測の値を均等割りして一律の値を日々の需要予測量として設定しがちである。すると，需要のばらつきは見られなくなるため安全在庫量の計算に標準偏差を用いること

6.4 シミュレーションによる在庫の挙動の理解

採用する必要在庫量		4		Iav	2					
必要在庫量	Iav	222.5	7.1 Qd	+-correct		0.0	0.0%	222.5	222.5
In比率		91.6%			σ	σ/Ave	max	min	In比較
供給側在庫量	Iap	104.7	3.3 Qd		49.9	47.7%	244.0	0.0	3.0 Qd	Lcp*Rd
手持側在庫量	Iah	97.9	3.1 Qd		53.0	54.2%	214.0	0.0	4.1 Qd	In-Iap
有効在庫量	Ia	202.6	6.5 Qd		65.9	32.5%	244.0	144.0	0.6 Qd	In-Ia
余裕在庫率	Rm	1.1269			0.2620	23.2%	1.6755	0.0000	87.1%	Trm比
入庫(供給)量	Sr	32.1	1.0 Qd		15.1	47.0%	94.0	1.0		
需要モデル	Qd	31.3			Qd(max-min)		42.0	20.7	Trm	1.2933
	σd	13.7			σd(max-min)		94.0	1.0	Hrm	1.7183
	Rv	43.7%		4.7%		53.0%	0.0%		
	Rd	60.7%		4.7%		71.4%	0.0%		
	Td	1.6							
	需要件数	148		228				在庫切れ率	2.0%
				ロットまとめ	0	変量		理由別在庫切れ回数	3
生産LT		1	期	ロットサイズ	5			補充時期不一致	2
輸送LT		4	期	ピッチロット	1			入庫量が小さい	1
供給リードタイム	Lcp	5	期					需要量>Qd*	0
サービス率		95.0%						需要量>Qd*	0
安全在庫係数	k	1.64		補充スイッチ	Replenish	on		連続大量需要	0
単位期間	C	1						初期在庫設定(外数)	0

図 6.33 単純平均の必要在庫量による在庫補充の例

ができなくなる。このような経緯から安全在庫量の設定は過去の経験則に基づく設定になりがちである。安全在庫量は 5.1.2 項で述べたとおり，供給リードタイム Lcp が 5，ばらつき率 Rv が 66% の場合に平均需要量 Qd の 2.6 倍程度になる。これは，需要予測量の 2 倍〜3 倍の安全在庫量を積み上げることを意味する。このような経験則に従うのであれば，単純に需要量 Sd の実績を平均化した必要在庫量 Iav を設定して在庫補充のシミュレーションを実施しても，近似的な挙動が観測できると思われる。そこで，図 6.13 および図 6.14 と同じ需要モデルを用いて平均化した必要在庫量 Iav による在庫補充シミュレーションを図 6.33 と図 6.34 に紹介する。

単純平均の必要在庫量 Iav は 222.5，在庫切れ回数は 3 回である。これは，図 6.24 で示した移動平均法による必要在庫量 In の 242.8，在庫切れ回数 4 回より 1 回少ない。また，15 期から 251 期までの在庫受払状況をグラフ化してみると有効在庫量 Ia も安定していてよく見える。

そこで，余裕在庫率 Rm の推移に着目して観察すると平均の余裕在庫率 Rm は 1.1269 で目標余裕在庫率 Trm の 1.2933 を下回っていることがわかる。この値からは，全体として在庫不足の状況にあることが推察できる。また，図 6.34 に示すグラフの余裕在庫率 Rm の推移に注目すると破線で囲んだように 80 期頃から 180 期頃の間は余裕在庫率が 1.0 を下回っている。これらの状況から，この例はたまたま在庫切れが 3 回で済んでいるが，手持側の在庫量が需要量の

第 6 章　必要在庫量の維持

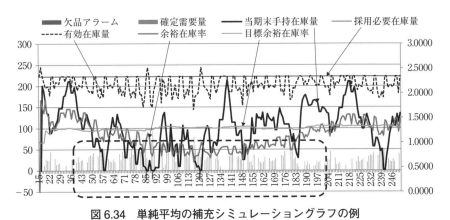

図 6.34　単純平均の補充シミュレーショングラフの例

変動に追随して制御されているとは言えないということがわかる。

この例から，単純平均による需要量を用いて必要在庫量を計画し，在庫補充で運用することは，在庫量の挙動において在庫切れの危険を伴うと考えられる。このような均一化した需要予測の値を参考に在庫計画を策定する場合，必要在庫量 Iav と在庫の挙動は一致しないということを念頭におき，経営数値を判断するための参考にとどめるのがよい。

6.4.9　需要予測（需要計画）方式と在庫補充方式の比較

(1)　需要予測が精確な場合の例

需要予測によるバックワード型供給方式と在庫計画によるフォワード型供給方式の挙動の違いを観察する。観察に用いる需要データは図 6.13 および図 6.14 と同じ需要モデルを使用する。まず，図 6.13 および図 6.14 の需要モデルについて，需要実績とまったく同一の値を示す完全需要予測が存在したと仮定する。あるいは，この例は供給リードタイム $Lcp=5$ と設定しているので 5 期先の確定注文に基づいて完全受注生産していると考えてもよい。この場合のバックワード型供給方式の例を図 6.35 に示す。

この例の 67 期の需要量（予測量）40 は 1 期前の 66 期に到着することにより 67 期の需要に間に合う。そこで，66 期から供給リードタイム Lcp の 5 期だけ手前の 61 期の供給計画量 40 としてバックワード方式で供給側に指示される。供給側は生産所要時間 Lp の 1 期，輸送所要時間 Lt の 4 期を経て 66 期に到

6.4 シミュレーションによる在庫の挙動の理解

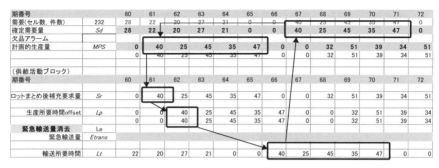

図 6.35 バックワード型供給方式の例

採用する必要在庫量		**0**		MPS	**2**					
必要在庫量	MPS			+-correct			49.8			
In比率		σ	σ/Ave			max		min	In比較	
供給側在庫量	Iap	103.1	3.3 Qd		51.8	50.3%	244.0		0.0	3.0 Qd	Lcp*Rd
手持側在庫量	Iah	0.0	0.0 Qd		0.0	0.0%	0.0		0.0		In-Iap
有効在庫量	Ia	103.1	3.3 Qd		63.3	61.4%	244.0		0.0		In-Ia
余裕在庫率	Rm	0.5585			0.2900	51.9%	1.4800		0.0000	43.2%	Trm比
入庫(供給)量	Sr	32.1	1.0 Qd		15.3	47.6%	94.0		1.0		
需要モデル	Qd	31.3		Qd(max-min)			42.0		20.7	Trm	1.2933
	σd	13.7		σd(max-min)			94.0		1.0	Hrm	1.7183
	Rv	43.7%			4.7%		53.0%		0.0%		
	Rd	60.7%			4.7%		71.4%		0.0%		
	Td	1.6									
需要件数		148		229						在庫切れ率	0.0%
				ロットまとめ	**0**		変量			理由別在庫切れ回数	0
生産LT		**1**	期	ロットサイズ	**5**					補充時期不一致	0
輸送LT		**4**	期	ピッチロット	**1**					入庫量が小さい	0
供給リードタイム	Lcp	**5**	期							需要量>Qd*	0
サービス率		**95.0%**								需要量>Qd*	0
安全在庫係数	k	1.64		補充スイッチ		MPS	off			連続大量需要	0
単位期間	C	1								初期在庫設定(外数)	0

図 6.36 需要予測が正確な場合のバックワード型供給方式の例

着・入庫準備を終え，翌 67 期の需要量 40 に備えることになる。

このシミュレーション結果を図 6.36 に示す。需要予測に基づく生産指示量がそのとおりに出庫されるため，在庫切れは発生していない。また，手持側在庫量 Iah はゼロになる。しかし，供給側在庫量 Iap は供給リードタイム（($Lcp+Rtd$)×需要密度 Rd）相当分が在庫量として観測される。このシミュレーションでは供給側在庫量 Iap の平均は 103.1 であった。次に，この例の 5 期から 251 期の在庫受払のグラフの例を図 6.37 に示す。当期末の手持在庫量はゼロで推移している。

第 6 章　必要在庫量の維持

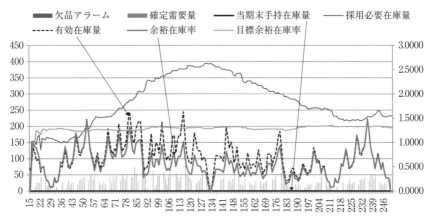

図 6.37　需要予測が正確な場合のバックワード型供給方式のグラフ例

(2) 需要予測が不精確な場合の例，需要予測後に需要変動が発生する例

次に，需要予測が不精確な場合のシミュレーション例を示す．図 6.35 で用いた需要予測に対して実際の確定需要 Sd が変動する例である．この例は 67 期当初の需要予測 40 に基づき計画的生産量 40 を 61 期に指示済みである．しかし，実際の需要は図 6.38 で示すように，平均需要量 Qd は 25.2，その標準偏差 σd は 18.6，ばらつき率 Rv は 75.7％，需要密度 Rd は 64.9％に変化している．特に枠で囲んだ 130 期から 160 期にかけてばらつき率 Rv が高くなり始めている．と

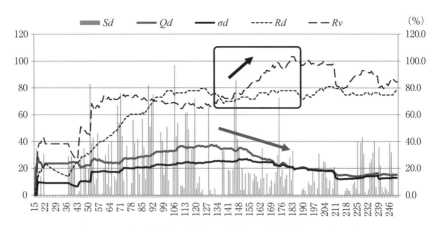

図 6.38　需要予測後に需要が変動した後の需要モデルの例

ころが平均需要量 *Qd* は減少し始めている。このような場合，必要在庫量は減らし始めなければならない。しかし，実務においては，ばらつきが大きくなっているため在庫切れを恐れて必要在庫量を下げるという判断が付きにくい。

この変化に気づかないまま，あるいは，気づいていても販売促進活動の目標達成を念頭に，目標値を下げることがはばかられるので高い需要予測のまま，当初の予定どおりに供給を続けると図 6.39 に示すような結果になる。図中の右下に示す在庫切れは 0 回，有効在庫量 *Ia* は 517.5，そのほとんどの量に相当する 414.3 が手持側在庫量 *Iah* である。また，余裕在庫率 *Rm* は 4.0795 と異常

採用する必要在庫量		2	MPS	2					
必要在庫量	MPS			+-correct		63.7			
In比率				σ	σ/Ave	max	min	In比較	
供給側在庫量	Iap	103.2	4.1 Qd	51.8	50.2%	244.0	0.0	3.2 Qd	Lcp*Rd
手持側在庫量	Iah	414.3	16.4 Qd	207.8	50.2%	868.0	0.0		In-Iap
有効在庫量	Ia	517.5	20.5 Qd	207.8	40.2%	956.0	139.0		In-Ia
余裕在庫率	Rm	4.0795		2.7888	68.4%	10.3292	0.0000	270.5%	Trm比
入庫(供給)量	Sr	32.2	1.3 Qd	15.3	47.4%	94.0	1.0		
需要モデル	Qd	25.2			Qd(max-min)	37.6	13.5	Trm	1.5082
	σd	18.6			σd(max-min)	97.0	1.0	Hrm	2.2449
	Rv	75.7%		17.5%		103.4%	0.0%		
	Rd	64.9%		17.5%		81.0%	0.0%		
	Td	1.5							
	需要件数	165	228					在庫切れ率	0.0%
				ロットまとめ	0	変量		理由別在庫切れ回数	0
生産LT		1	期	ロットサイズ	5			補充時期不一致	0
輸送LT		4	期	ピッチロット	1			入庫量が小さい	0
供給リードタイム	Lcp	5	期					需要量>Qd*	0
サービス率		95.0%						需要量>Qd*	0
安全在庫係数	k	1.64		補充スイッチ	MPS	off		連続大量需要	0
単位期間	C	1						初期在庫設定(外数)	3

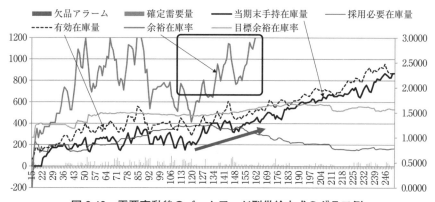

図 6.39　需要変動後のバックワード型供給方式のシミュレーション例

図 6.40　需要変動後のバックワード型供給方式のグラフ例

に大きい。これらのことから，需要予測どおりに供給した結果，需要量の変化に追随できずに在庫量が増えてしまったことがわかる。

そこで，この例の在庫量の推移をグラフ化して図 6.40 に示す。手持在庫量は矢印で示すように 120 期頃から上昇を続け，それに符合して余裕在庫率 *Rm* の上昇が観察できる。また，供給側在庫量 *Iap* は図 6.36 の 103.1 に対して図 6.39 の 103.2 であり，どちらも変わらない。このように供給側在庫量 *Iap* は供給リードタイム *Lcp* で決まる。また，供給量の過剰分は消費されないままなので手持側在庫量 *Sah* として残る。

(3)　在庫計画を活用していた場合の例

次に，このような需要変動を念頭において需要実績によるフォワード型の在庫計画に基づく補充要求を行っていたらどのような挙動が想定できたかのシミュレーション例を図 6.41 に示す。この例はダブルビン方式に基づく必要在庫量の求め方を採用している。採用するビンの大きさは *Qd*×*Hrm* である。また，ロットサイズは変量としている。図中の右下に示す在庫切れは 10 回，在庫切れ率は 6.1％である。有効在庫量 *Ia* は 231.1，手持側在庫量 *Iah* は 142.8 である。また，余裕在庫率 *Rm* は 1.5307 である。これは目標余裕在庫率 *Trm* の 1.5082 に近い。そこで，この例の在庫量の推移をグラフ化して図 6.42 に示す。有効在庫量 *Ia* と手持在庫量 *Iah* はともに必要在庫量 *Ind_Hrm* を超えることな

採用する必要在庫量		3	Ind_Hrm	2					
必要在庫量	Ind_Hrm	245.2	9.7 Qd	+-correct		84.0	34.3%	383.3	0.0
In比率		108.3%		σ	σ/Ave	max	min	In比較	
供給側在庫量	Iap	88.4	3.5 Qd	71.9	81.4%	330.0	0.0	3.2 Qd	Lcp*Rd
手持側在庫量	Iah	142.8	5.7 Qd	92.1	64.5%	379.0	0.0	6.5 Qd	In-Iap
有効在庫量	Ia	231.1	9.2 Qd	97.9	42.4%	384.0	94.0	0.6 Qd	In-Ia
余裕在庫率	Rm	1.5307		0.3088	20.2%	2.0066	0.0000	101.5%	Trm比
入庫(供給)量	Sr	24.2	1.0 Qd	22.8	94.2%	97.0	1.0		
需要モデル	Qd	25.2			Qd(max-min)	37.6	13.5	Trm	1.5082
	σd	18.6			σd(max-min)	97.0	1.0	Hrm	2.2449
	Rv	75.7%		17.5%		103.4%	0.0%		
	Rd	64.9%		17.5%		81.0%	0.0%		
	Td	1.5							
	需要件数	165	228					在庫切れ率	6.1%
				ロットまとめ	0	変量		理由別在庫切れ回数	10
生産LT		1	期	ロットサイズ	5			補充時期不一致	1
輸送LT		4	期	ピッチロット	1			入庫量が小さい	9
供給リードタイム	Lcp	5	期					需要量>Qd*	0
サービス率		95.0%						需要量>Qd*	0
安全在庫係数	k	1.64		補充スイッチ	Replenish	on		連続大量需要	0
単位期間	C	1						初期在庫設定(外数)	5

図 6.41　需要変動後の在庫計画による在庫補充シミュレーションの例

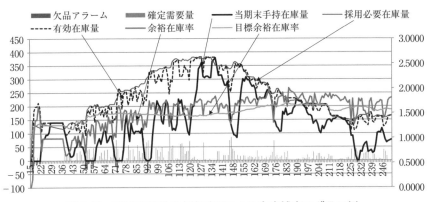

図 6.42 需要変動後の在庫計画による在庫補充のグラフ例

く，かつ，需要量 Sd の変動に追随していることがわかる。

また，図 6.39 と図 6.41 の比較から，図 6.39 は需要予測どおりに供給しているので需要量の変化に追随できず，結果的に在庫量が増えてしまったということがわかる。なお，図 6.41 の在庫切れ 10 回のうち 9 回は理由番号 2 の入庫量が小さいことである。この例では補充要求量 Sr が変量になっているので，これをロットまとめすることにより在庫切れ率は改善できる。この例では 10 回の 6.1％から 8 回の 4.8％に改善される。

6.4.10 シミュレーション結果の読み方と理解

本項で示す(1)から(9)の例を活用して，第Ⅱ部の目的である「在庫に関する現象を理解すること」が，第Ⅰ部で学んだ「キャッシュを生み出すこと」につながっていくということを理解する。

(1) 評価の考え方

在庫の挙動の適正度合の判断はデカップリング在庫理論の式(5.8)で求める必要在庫量 In と，式(5.31)で求める目標余裕在庫率 Trm を理論上の適正水準とする。また，想定する目標サービス率は 95％と設定する。これにより目標の在庫切れ率は(100％−95％＝)5％以下となる。

在庫の挙動とキャッシュのつながりは第Ⅰ部で学んだ指標を用いて比較・評価する。その指標は，式(1.9)で求めるキャッシュ収支比率 KPI_2，式(2.12)で求

第6章 必要在庫量の維持

める品目の総利益棚卸資産交叉比率 KPI_3, 式(2.13) で求める品目の営業利益棚卸資産交叉比率 KPI_4 である．なお，キャッシュ収支比率 KPI_2 の本来の用途は事業全体を対象とした指標である．この例では参考値としてシミュレーション対象の1品目のみの値で示し比較する．

(2) シミュレーションの前提の整理

参考にするシミュレーションは図6.24から図6.41である．その中で特に参照する図番号の対応関係は表6.1に示す比較表のケース番号として示す．ケース番号1からケース番号7の7ケースで使用する確定需要 Sd のデータはすべて同じで，図6.14で示すデータである．ケース番号8からケース番号10の3ケースは，ケース番号7で用いた需要予測の指示に基づいて供給した場合に実際の需要が変動して予測どおりにならなかったケースである．そのため需要モデルが異なる．

ケース番号1からケース番号7の需要モデルは，移動平均法による平均需要量 $Qd = 31.3$，その標準偏差 $\sigma d = 13.7$，ばらつき率 $Rv = 43.7\%$，需要密度 $Rd = 60.7\%$，目標余裕在庫率 Trm は 1.2933 である．総需要件数は148件，需要量の合計は4758である．

ケース番号8からケース番号10の需要モデルは，移動平均法による平均需

表6.1 総利益棚卸資産交叉比率の比較

総利益棚卸資産交叉比率評価の比較												
		ケース番号	1	2	3	4	5	6	7	8	9	10
			図6.24	図6.25	図6.26	図6.27	参考	図6.33	図6.36	図6.39	図6.41	参考
必要在庫量計算方式			In_Rd	In	In	Ind_Trm	Ind_Trm	Iav	MPS	MPS	Ind_Hrm	Ind_Hrm
想定する売上原価	82.0%		6,394.3	6,260.4	6,248.5	6,245.9	6,245.9	6,245.9	6,245.9	5,232.5	5,232.5	5,232.5
販売管理費	15.0%		1,169.7	1,145.2	1,143.0	1,142.5	1,142.5	1,142.5	1,142.5	957.2	957.2	957.2
想定する売上総利益	18.0%		1,403.6	1,374.2	1,371.6	1,371.1	1,371.1	1,371.1	1,371.1	1,148.6	1,148.6	1,148.6
想定する営業利益	3.0%		233.9	229.0	228.6	228.5	228.5	228.5	228.5	191.4	191.4	191.4
出庫総量(売上高・入金高)			7,797.9	7,634.6	7,620.2	7,617.0	7,617.0	7,617.0	7,617.0	6,381.1	6,381.1	6,381.1
補充要求総量(生産高)			6,470.4	6,264.3	6,235.4	6,337.8	6,315.5	6,245.9	6,146.2	6,146.2	5,265.3	5,223.3
	出金高		7,640.1	7,409.5	7,378.4	7,480.4	7,458.0	7,388.5	7,288.7	7,103.3	6,222.5	6,180.5
供給側在庫率		Iap	1.4%	1.4%	1.4%	1.4%	1.4%	1.4%	1.4%	1.4%	1.4%	1.4%
手持側在庫率		Iah	0.6%	1.5%	1.8%	1.4%	1.6%	1.3%	0.0%	5.5%	2.2%	2.8%
有効在庫率		Ia	2.0%	2.9%	3.2%	2.7%	3.0%	2.7%	1.4%	6.9%	3.6%	4.1%
キャッシュ収支比率		KPI2	1.02	1.03	1.03	1.02	1.02	1.03	1.05	0.90	1.03	1.03
総利益棚卸資産交叉比率		KPI3	10.76	7.49	6.90	7.92	7.32	8.25	16.22	2.71	6.06	5.32
営業利益棚卸資産比率		KPI4	1.79	1.25	1.15	1.32	1.22	1.38	2.70	0.45	1.01	0.89
目標余裕在庫率		Trm	1.2933	1.2933	1.2933	1.2933	1.2933	1.2933	1.2933	1.5082	1.5082	1.5082
余裕在庫率		Rm	0.8371	1.1925	1.2921	1.1109	1.2034	1.1269	0.5585	4.0795	1.5307	1.7488
在庫切れ率		Ros	29.7%	4.1%	1.4%	4.7%	3.4%	2.0%	0.0%	0.0%	6.1%	4.8%
注記						ロットTrm		ロットTrm		予測精度	不精確		ロットHrm

要量 Qd = 25.2,その標準偏差 σd = 18.6,ばらつき率 Rv = 75.7％,需要密度 Rd = 64.9％,目標余裕在庫率 Trm は 1.5082 である。総需要件数は 165 件,需要量の合計は 3986 である。ケース番号 8〜10 の需要モデルは,ケース番号 1〜7 の場合より 1 件あたりの平均需要量は小さくなっているが逆にばらつき率は大きくなっている。全体として需要総件数は増えているが需要総量は減っている。

　各ケースとも,在庫切れが発生した場合はバックオーダーとして納期遅れにて出庫する。納期遅れが発生すると出庫総量(売上高・入金高),売上原価に少し違いがでる。また,価格(品目単価)は 1 単位価格として扱う。シミュレーション期間は 228 期間である。会計上の期間は 1 年間 = 365 期なので,需要量の合計をそのまま 1 年間の売上高に対応させるため,1 単位価格は(365 期間/228 期間)= 1.6 単位価格とする。売上原価比率は 82％,販売管理費比率は 15％,営業利益率は 3％と設定している。これらの比率の根拠は日本の部品製造企業の事例を参考にしている。例えば,ケース番号 3 の売上高は 4760 × 365/228 = 7620.2,売上原価は 6248.5 としている。

(3) 評価のための基準値の考え方

　枠で囲んだケース番号 3 は各ケースを比較するための基準値となるシミュレーションに相当する。この需要モデルにおいてデカップリング在庫理論の式(5.31)で求める目標余裕在庫率 Trm は 1.2933 である。そこで,余裕在庫率 Rm がその値に最も近い 1.2921 を示したシミュレーション例を比較・評価の中心におく。必要在庫量と在庫切れ率は需要モデルと供給リードタイム Lcp,ロットサイズの組合せによってさまざまに変化する。そのため,どの組合せが適切な実行条件であるかを固定的に,あるいは,一律に決めることができない。しかし,それでは比較・評価ができない。

　そこで,目標余裕在庫率 Trm は安全在庫係数 k で指定する安全在庫量 S_1 を含む指標であることに着目する。さまざまな組合せによって得られるシミュレーション結果の余裕在庫率 Rm が,理論値としての目標余裕在庫率 Trm に最も近い値を示す組合せを選び,その組合せがその需要モデルにおいて優れた状態を再現していると考え,比較基準として採用する。

　これは,現実のさまざまな在庫の挙動の中で,その段階において最も適切と思われる理論とその理論値に近い挙動を探し当て,その時の組合せや条件から

第6章 必要在庫量の維持

新たな理論の適正さを評価するという考え方である。

(4) ケース番号1から読み取れる在庫の挙動

ケース番号1は図6.24のシミュレーション例で，デカップリング在庫理論の必要在庫量 In に対して需要密度 Rd を考慮して在庫量の削減を試みた例である。この例では在庫切れ率が29.7%と高いため，この需要モデルに適さないことがわかる。需要密度 Rd を考慮しなければならないケースは需要の発生が低頻度の需要モデルである。この例の需要密度 $Rd=60.7\%$ には不向きである。しかし，キャッシュ収支比率 KPI_2 は1.0を超えている。これは安全在庫量を売り切って回転していることからキャッシュが生み出されている状況を示している。現実に即して述べれば，在庫切れが許される，あるいは納期遅れの許容範囲の中であれば安全在庫量は少ないほうがキャッシュは生まれるということを示している。在庫切れは悪であると決めつけて違約金などの対応を要求するのではなく，商取引契約上の評価基準(criteria)として用いるほうが需要企業と供給企業のお互いにウィン(win)であり健全な関係になることを示している。

(5) ケース番号2から読み取れる在庫の挙動

ケース番号2は図6.25のシミュレーション例で，デカップリング在庫理論の必要在庫量 In をそのまま使用し，補充要求量 Sr は変量のままでロットまとめしない例である。在庫切れ率は4.1%と目標水準の5%よりわずかに良く，ほぼ理論どおりの挙動といえる。また，キャッシュ収支比率 KPI_2 は1.03で1.0を超えている。

(6) ケース番号3から読み取れる在庫の挙動

ケース番号3は図6.26のシミュレーション例で，ケース番号2の在庫切れ率を改善するために補充要求量 Sr に対して $Qd \times Trm$ でロットまとめを行った例である。在庫切れ率は1.4%に下がり改善が見られる。また，余裕在庫率 Rm は1.2921となり，目標余裕在庫率 Trm の1.2933に最も近い。この品目の営業利益棚卸資産交叉比率 KPI_4 は1.15なので営業利益が棚卸資産を上回っている。

6.4 シミュレーションによる在庫の挙動の理解

(7) ケース番号4から読み取れる在庫の挙動

ケース番号4は図6.27のシミュレーション例で，ケース番号2の在庫切れ率を改善するために必要在庫量の求め方をダブルビン方式に改善した例である。ビンサイズは $Qd \times Trm$ を採用している。在庫切れ率は4.7%でケース番号2よりやや高い。しかし，余裕在庫率 Rm は1.1109とケース番号2より低くなっている。この品目の営業利益棚卸資産交叉比率 KPI_4 は1.32なので営業利益が棚卸資産を上回っている。キャッシュ収支比率 KPI_2 は1.02でケース番号3より少し少ない。

(8) ケース番号5から読み取れる在庫の挙動

ケース番号5はケース番号4の在庫切れ率を改善するためにロットサイズを $Qd \times Trm$ に設定した参考シミュレーション例である。在庫切れ率は3.4%でケース番号4より改善されている。余裕在庫率 Rm は1.2034と目標余裕在庫率 Trm の1.2933に近い。この品目の営業利益棚卸資産交叉比率 KPI_4 は1.22なので営業利益が棚卸資産を上回っている。キャッシュ収支比率 KPI_2 は1.02で，ケース番号4と変わらない。在庫切れ率は，低すぎる場合に過剰在庫が懸念され，高すぎる場合に在庫不足が懸念される。狙いの在庫切れ率になるように諸条件を整えることが在庫計画の目的でもある。

この需要モデルにおいて供給リードタイム Lcp が5期程度の短さである場合は，ケース番号2およびケース番号3のデカップリング在庫理論による必要在庫量 In と，ケース番号4およびケース番号5のダブルビンによる必要在庫量 Ind は，どちらの必要在庫量であっても大きな違いはないということを示している。

(9) ケース番号6から読み取れる在庫の挙動

ケース番号6は図6.33のシミュレーション例で，必要在庫量の求め方を単純平均で求めた例である。移動平均法が使用できない場合や，予算編成を行う管理部門などが簡便的に採用するためのシミュレーション例である。在庫切れ率は2.0%と低水準にもかかわらず，余裕在庫率 Rm は1.1269と目標余裕在庫率 Trm の1.2933より低い。通常は在庫量の増加と在庫切れ率の低下がセットになっているはずである。それに対してこの例は両方ともに改善していることから，在庫の挙動に論理的な矛盾が感じられる。この矛盾の理由は需要モデル

の統計処理において移動平均法を用いないで単純平均を用いたことから，実際の需要変動に必要在庫量の計算が追随していないという挙動上の矛盾である．このような誤った必要在庫量の試算の結果，この品目の営業利益棚卸資産交叉比率 KPI_4 は 1.38，キャッシュ収支比率 KPI_2 は 1.03 で入金が出金を上回っているような事業計画が策定されてしまう．しかし，実際の操業において，在庫の挙動はこのような優れた数値にならない．在庫切れ率を 2.0％ に抑えようとすると余裕在庫率 Rm は目標余裕在庫率 Trm の 1.2933 を上回り在庫量が増えて，キャッシュ収支比率 KPI_2 は 1.00 以下になり入金より出金が下回わる可能性がある．逆に，キャッシュ収支比率 KPI_2 を 1.00 以上にしようとすると在庫切れ率が 5.0％ を上回る可能性がある．なぜなら，今まで学んできたように，在庫の挙動は物理的現象として動作するからである．

この例は誤った在庫計画によって現場が苦しむ例である．事業計画を立案する際に誤謬が埋め込まれる危険な例である．

(10) ケース番号 7 から読み取れる在庫の挙動

ケース番号 7 は図 6.36 のシミュレーション例で，4.2 節で述べたプッシュ型需給調整方式を用いて確定受注に基づく供給の例である．または，需要予測に基づく在庫補充において，需要予測が精確で予測どおりに出庫(売上)されたシミュレーション例である．そのため，在庫切れ率は 0.0％，余裕在庫率 Rm は 0.5585 と低く，供給側の工程仕掛と輸送中在庫しか存在しない．この品目の営業利益棚卸資産交叉比率 KPI_4 は 2.70，キャッシュ収支比率 KPI_2 は 1.05 で入金が出金を上回っている．製造企業にとっては目指すべき理想的な状態である．

(11) ケース番号 8 から読み取れる在庫の挙動

ケース番号 8 は図 6.39 のシミュレーション例である．ケース番号 7 の需要予測のとおりに供給したところ，現実において需要量が変動したために需要予測量と変動後の需要量との差分が引き起こす在庫過剰のシミュレーション例である．この例では需要予測段階の需要モデルは移動平均法による平均需要量 $Qd = 31.3$，その標準偏差 $\sigma d = 13.7$，ばらつき率 $Rv = 43.7％$，需要密度 $Rd = 60.7％$，目標余裕在庫率 Trm は 1.2933 である．総需要件数は 148 件，需要量の合計は 4758 であった．その後，需要モデルは，移動平均法による平均需要量

$Qd=25.2$, その標準偏差 $\sigma d=18.6$, ばらつき率 $Rv=75.7\%$, 需要密度 $Rd=64.9\%$, 目標余裕在庫率 Trm は1.5082に変化している。総需要件数は165件に増えるが，需要量の合計は3986に減少した。そのため，余裕在庫率 Rm は4.0795まで高くなり在庫が過剰となる。この品目の営業利益棚卸資産交叉比率 KPI_4 は0.45と悪化しているが，総利益棚卸資産交叉比率 KPI_3 は2.71であるため，まだ，総利益の範囲内で棚卸資産とキャッシュは回っていると考えられる。

　この状況は普通に考えると利益が出ている状況であり，在庫は多いが売り切ればよいと考え，異常であるということことに気づかない。しかし，キャッシュ収支比率 KPI_2 が0.90となって入金より出金が上回っている。これは在庫過剰によるキャッシュ不足の始まりの兆候を示している。現場で発生する在庫過剰の現象を見落とし，誰も気づかないままキャッシュアウトが続き，改善されることもなく，財務部門が努力して短期借入金を増やしていく，という悪循環の引き金の例である。キャッシュ収支比率 KPI_2 が1.00を下回るという読み取り方の例は，3.3節の分析事例で紹介した兆候のことである。この兆候を見逃さずに在庫削減の活動を進めることができれば，致命的なキャッシュ不足に至る経営破綻から免れることができる。

　このような状況に陥った場合，財務上の棚卸回転数を良くするために売れ残った在庫を廃棄処分したくなる誘惑に駆られる。しかし，在庫を廃棄処分すれば1.1節のコンビニ弁当の例で学んだように，これまでに生み出してきた利益を喪失することは明らかである。

　供給活動と販売促進活動の現場は，需要モデルの変化と在庫水準の増加から供給過剰に気付いているものの，需要件数が増えていることやばらつき率が高いために在庫切れを恐れて，在庫量を削減するという判断ができないことがある。また，販売促進活動において売上目標を下げることに抵抗がある，などの理由から年度末まで放置されるという例である。こうして，営業利益が出ていてもキャッシュは不足し年度末に短期借入金を増やすにことにつながる。

　このような例は，3.3.3項の例で示したように製造企業にとっては恒常的に起こる状態である。経営トップが在庫とキャッシュの関係の重要性に目覚めない限り在庫適正化の日常活動は始まらない例でもある。また，顧客企業の消費見通しの変化や需要予測精度が低いことを原因として，誰も社内で責任を負うことをしない他責型企業の典型例でもある。

(12) ケース番号9およびケース番号10から読み取れる在庫の挙動

　ケース番号9は図6.41のシミュレーション例である。ケース番号8の改善として本書の在庫計画方式を適用したシミュレーション例である。ケース番号7の需要予測に基づく供給通指示量は参考情報に留め，供給量の計画に使用しない。需要予測に頼らずに，実際の需要実績を統計処理して需要モデル算出し，需要の変化に追随してビンサイズ $Qd×Hrm$ のダブルビン方式で在庫補充したところ余裕在庫率 Rm は1.5307におさまっている。品目の営業利益棚卸資産交叉比率 KPI_4 は1.01である。キャッシュ収支比率 KPI_2 は1.03で入金が出金を上回っている。在庫切れ率は6.1％と目標の5.0％を上回っている。そこで，参考までに在庫切れ率の改善を図るためにロットサイズを $Qd×Hrm$ でロットまとめしたのがケース番号10である。ケース番号10はロットまとめにより在庫量が増加し，在庫切れ率は4.8％と目標の5.0％以下に改善されている。しかし，品目の営業利益棚卸資産交叉比率 KPI_4 は0.89となり，増えた在庫が利益を圧迫している。一方，キャッシュ収支比率 KPI_2 は1.03で入金が出金を上回っている。

　このように，需要予測が信頼できない場合は，ケース番号9のようにビンサイズを $Qd×Hrm$ としたダブルビンによる必要在庫量 Ind_Hrm による在庫計画の導入によりキャッシュの創出とサービス率の維持の両立に有効である。営業利益は売上に対して計算されるので必ずプラスになるが在庫による隠れた出金を見落としがちである。見込在庫を保有しなければならない場合はキャッシュ収支比率 KPI_2 の活用で出金超過を確認するとよい。

　「需要予測に基づくプッシュ型需給調整方式」と「需要実績によるフォワード型在庫計画に基づく補充型需給調整方式」は，自動車の装備に喩えると需要予測は販売促進活動に必要なアクセルで，需要実績に基づく在庫計画は供給活動に必要なブレーキに相当する。両方の装備を備えておいて，ブレーキが安全運転のための基本動作であるということを踏まえたうえで，需要変動を確認しながら踏みかえ操作を行うことが本書で一貫して述べている主題である。

6.5　ダブルビン方式による在庫計画の特徴

　デカップリング在庫理論において式(5.8)で示す理論式の必要在庫量 In が実務感覚の在庫量になじまない場合が2通りある。1つは6.6.1項で述べた需要

密度 Rd が低く，かつ，供給リードタイム Lcp が 30 期を超えるような長い場合である。もう 1 つは 6.6.2 項で述べた需要密度 Rd が高く，かつ，供給リードタイム Lcp が 1 期〜4 期程度の短い場合である。本節はこの 2 つの状況についてダブルビン方式による在庫計画の挙動を観察する。

6.5.1 供給リードタイムが長い場合の在庫計画

国際調達のように供給リードタイムが長い場合の在庫計画の必要在庫量算出方法の比較を表 6.2 に示す。ケース番号 11 からケース番号 15 の需要モデルの確定需要 Sd は一様分布のデータである。移動平均法による平均需要量 $Qd=97.5$，その標準偏差 $\sigma d=56.1$，ばらつき率 $Rv=60.8\%$，需要密度 $Rd=15.1\%$，需要発生間隔 $Td=6.6$ 期（約 1 週間に 1 回），目標余裕在庫率 Trm は 1.1281 である。総需要件数は 89 件，需要量の合計は 9181 である。また，供給リードタイム Lcp は 60 期間（2 カ月）を想定し，補充要求量 Sr はロットサイズ $Qd \times Hrm$ でロットまとめしている。

この需要発生間隔は約 1 週間に 1 回なので，デカップリング在庫理論の運用において週次対応が常識的である。参考値として仮に週次の在庫計画とすると平均需要量 Qd は 133.0，その標準偏差 σd は 97.0，ばらつき率 Rv は 72.9%，需要密度 Rd は 62.5% である。これより週次の必要在庫量 In を求めると，週次の必要在庫量 In は $133.0 \times (60/7+1) + 1.64 \times \sqrt{(60/7+1)} \times 97.0 = 1765.2$ となる。これに需要密度を考慮した場合の必要在庫量 In_Rd は $133.0 \times (60/7 \times 0.625 + 1) + 1.64 \times \sqrt{(60/7 \times 0.625 + 1)} \times 97.0 = 1246.6$ となる。この週次の在庫計画の理

表 6.2 供給リードタイムが長い場合の必要在庫量

必要在庫量の比較		ケース番号	11	12	13	14	15
必要在庫量計算方式			In	In_Rd	Iav	Ind_Trm	Ind_Hrm
必要在庫量			6,669.2	1299.6	1633.5	1388.5	1711.2
供給側在庫量		Iap	970.4	924.7	904.42	1030.6	1015.4
手持側在庫量		Iah	6,473.5	836.32	865.44	978.98	1314.8
有効在庫量		Ia	7,444.0	1761	1769.9	2009.6	2330.3
目標余裕在庫率		Trm	1.1281	1.1281	1.1281	1.1281	1.1281
余裕在庫率		Rm	1.3022	0.3034	0.3117	0.3356	0.3946
在庫切れ率		Ros	0.0%	18.0%	12.4%	14.6%	6.7%
注記			Lot-Hrm	Lot-Hrm	Lot-Hrm	Lot-Hrm	Lot-Hrm

論在庫量と比較する。

　まず，ケース番号11の需要密度Rdを考慮しない日次の在庫計画は必要在庫量が6669.2で多すぎることは一目瞭然である。そこで，ケース番号12で需要密度Rdを考慮すると，必要在庫量In_Rdは1299.6となり，週次で需要密度を考慮した場合の必要在庫量1246.6と近い。これは，必要在庫量の算出にあたり需要密度Rdを適切に考慮することにより管理サイクルの設定は週次または日次にこだわる必要がないことを示している。しかし，在庫切れ率は18.0％と高い。その理由は理由番号1のタイミングが合わないことである。このように供給リードタイムLcpが長い場合に発生する，タイミングが合わないことによる在庫切れの改善が式(5.35)で示したRtd(required adjustment to demand timing)である。

　次にケース番号15はタイミングの補正Rtdを考慮し，ダブルビンの大きさを$Qd \times Hrm$とした日次のダブルビン方式の例である。必要在庫量Ind_Hrmは1711.2となり，週次で需要密度を考慮しない場合の必要在庫量1765.2と近い。在庫切れ率は6.7％で目標の5％を上回っているが，ケース番号12から大きな改善が見られる。

6.5.2　供給リードタイムが短い場合の在庫計画

　多頻度短リードタイムのジャスト・イン・タイムのように供給リードタイムが短い場合の在庫計画の必要在庫量算出方法の比較を表6.3に示す。ケース番号16からケース番号21の需要モデルは図6.13および図6.14と同じデータで月末に集中する一般的な実務のデータである。ケース番号21は供給リードタイムLcpが5期間のシミュレーション結果である。手持側在庫量Iahは117.5，営業利益棚卸資産比率KPI_4は1.25である。これに対して，ケース番号16に供給リードタイムLcpを1に短縮する経営効果を試算する。供給リードタイムLcpが5から1に短縮されることにより目標余裕在庫率Trmなどの需要モデルに小数点以下の若干の変化が見られる。移動平均法による平均需要量$Qd=$31.0，その標準偏差$\sigma d=13.5$，ばらつき率$Rv=43.1％$，需要密度$Rd=59.2％$，目標余裕在庫率Trmは1.5008である。また，供給側の生産システム改善により供給リードタイムLcpは1期間(1日)を想定し，売れた分を造るという方針のもと補充要求量Srは1個流し(変量)とする。

表6.3 供給リードタイムが短い場合の必要在庫量

LT短縮による必要在庫量とキャッシュの生まれ方の比較								
	ケース番号		16	17	18	19	20	21
			Lcp=1	Lcp=1	Lcp=1	Lcp=1	Lcp=1	Lcp=5
必要在庫量計算方式			In	In_Rd	Iav	Ind_Trm	Ind_Hrm	In
必要在庫量			93.1	77.9	67.8	124.1	137.0	242.8
供給側在庫量		Iap	21.1	21.0	20.7	21.2	21.2	106.4
手持側在庫量		Iah	52.8	38.6	29.4	83.0	95.7	117.5
有効在庫量		Ia	73.8	59.6	50.1	104.1	117.0	223.9
目標余裕在庫率		Trm	1.5008	1.5008	1.5008	1.5008	1.5008	1.2933
余裕在庫率		Rm	1.1848	0.9489	0.8494	1.6730	1.8787	1.1925
在庫切れ率		Ros	11.8%	21.6%	28.1%	2.0%	0.7%	4.1%
注記			変量	変量	変量	変量	変量	変量
キャッシュ収支比率		KPI2	1.02	1.02	1.03	1.02	1.02	1.03
総利益棚卸資産交叉比率		KPI3	22.60	27.97	33.14	14.70	12.65	7.49
営業利益棚卸資産比率		KPI4	3.77	4.66	5.52	2.45	2.11	1.25

ケース番号16はデカップリング在庫理論により需要密度Rdが100%を想定した必要在庫量である。この在庫量で在庫切れ率が11.8%と目標の5%を上回っている。これは，5.6.2項で指摘した供給リードタイムLcpが1期～4期程度の短い場合にデカップリング在庫理論に基づく安全在庫量S_1は元々少ないという現象である。そのため，この場合の目標余裕在庫率Trmも低めの値になっている。この在庫切れ率では実用に耐えないため，ダブルビン方式による必要在庫量の算定が求められる。

ケース番号19とケース番号20はダブルビン方式による必要在庫量である。ケース番号19はビンサイズを$Qd \times Trm$とした例で，シミュレーションによる余裕在庫率Rmは1.6730と高い。しかし，在庫切れ率が2.0%であることから，本来はもう少し低いところに理論値が存在していると思われる。

ケース番号20はビンサイズを$Qd \times Hrm$とした例で，シミュレーションによる余裕在庫率Rmは1.8787と高い。このように，ダブルビン方式による必要在庫量の算出方法は，供給リードタイムが短い場合の在庫計画の必要在庫量算出方法として有効であると考えられる。

そこで，供給リードタイムLcpが1でビンサイズを$Qd \times Trm$とした場合の営業利益棚卸資産比率KPI_4を供給リードタイムLcpが5の改善前と比較すると，改善前の1.25に対して改善後は2.45となり1.96倍になることがわかる。これは手持側在庫量Iahを117.5から83.0に削減することの経営効果であり，

第6章　必要在庫量の維持

表6.4　供給リードタイムと必要在庫量およびキャッシュの関係

LTと必要在庫量およびキャッシュの関係		ケース番号	2						
			Lcp=5	Lcp=7	Lcp=10	Lcp=20	Lcp=30	Lcp=40	Lcp=44	Lcp=50
必要在庫量計算方式			In	In	In	In	In	In	In	In
必要在庫量			242.8	315.0	423.4	789.5	1,154.3	1,505.3	1,633.4	1,809.9
供給側在庫量	Iap		106.4	148.5	215.1	445.5	642.2	802.7	850.0	890.7
手持側在庫量	Iah		117.5	147.8	189.8	327.7	501.4	699.6	787.3	933.9
有効在庫量	Ia		223.9	296.3	405.0	773.2	1,143.6	1,502.3	1,637.3	1,824.6
目標余裕在庫率	Trm		1.2933	1.2544	1.2172	1.1595	1.1333	1.1179	1.1123	1.1056
余裕在庫率	Rm		1.1925	1.1800	1.1640	1.1361	1.1242	1.1174	1.1168	1.1164
在庫切れ率	Ros		4.1%	6.9%	5.6%	2.3%	4.3%	1.0%	3.1%	3.4%
注記			変量	変量	変量	変量	変量	変量	変量	変量
キャッシュ収支比率	KPI2		1.03	1.03	1.02	1.03	1.06	1.18	1.23	1.36
総利益棚卸資産交叉比率	KPI3		7.49	5.65	4.24	2.23	1.49	1.11	0.98	0.87
営業利益棚卸資産比率	KPI4		1.25	0.94	0.71	0.37	0.25	0.19	0.16	0.15

生み出した営業利益のうち自由になるキャッシュが1.96倍に増えるという効果を意味している。

6.5.3　供給リードタイムと必要在庫量およびキャッシュの関係

ケース番号2と同じ品目を用いて供給リードタイム Lcp と必要在庫量およびキャッシュの関係を試算した結果を表6.4に示す。売上原価比率は82％，販売管理費比率は15％，営業利益率は3％と設定した条件はそのままである。棚卸資産を上回る営業利益が確保できる供給リードタイムの境界は7期間より短い場合と考えられる。また，棚卸資産が売上総利益によって生み出されるキャッシュの範囲内で回転するための供給リードタイムは44期間より短い場合と考えられる。供給リードタイムが44期間より長くなると，総利益棚卸資産交叉比率 KPI_3 は1.0を下回ることから棚卸資産保有のための資金が不足し，気づかない間に短期借入金が増えていくという状況がうかがえる。このように，在庫と事業経営はつながっている。

6.6　在庫計画と在庫補充方式の演習

第Ⅱ部で学んだ在庫に関する現象について演習を通して理解を深める。演習の進め方は以下の手順で在庫計画のシミュレータの作成から開始する。

6.6 在庫計画と在庫補充方式の演習

(1) グループの編成
2〜4人程度でグループを編成する。

(2) シミュレータの作成
グループ内で図6.11に示した在庫計画方式の情報処理モデルを参考に，表形式のソフトウェアを活用して基本動作ができる水準のシミュレータを作成する。シミュレータの開発はグループメンバで分担してよい。シミュレータの動作確認は表6.5に示す確定需要データを用いて検証する。表6.5に示す確定需要データは6.3節のシミュレーションに使用したデータと同じである。

(3) 確定需要データの設定
表計算ソフトウェア上のスプレッドシートに図6.43で示すような確定需要

表6.5 演習用の需要データ

期番号	1	2	3	4	5	6	7	8	9	10	11	12	13	14	15
確定需要量															22
期番号	16	17	18	19	20	21	22	23	24	25	26	27	28	29	30
確定需要量			13	27	25	24	45				29	14	15	18	
期番号	31	32	33	34	35	36	37	38	39	40	41	42	43	44	45
確定需要量		12				26				21	33	20	24	26	
期番号	46	47	48	49	50	51	52	53	54	55	56	57	58	59	60
確定需要量	20	33	37	34	42			34	51	50	37	50			28
期番号	61	62	63	64	65	66	67	68	69	70	71	72	73	74	75
確定需要量	22	20	27	21			40	25	45	35	47			32	51
期番号	76	77	78	79	80	81	82	83	84	85	86	87	88	89	90
確定需要量	39	34	51			45	43	73	53	30			66	94	46
期番号	91	92	93	94	95	96	97	98	99	100	101	102	103	104	105
確定需要量	9	1			63	7	15	46	46			57	40	20	43
期番号	106	107	108	109	110	111	112	113	114	115	116	117	118	119	120
確定需要量	53				53	43	31	44			79	49	43	41	32
期番号	121	122	123	124	125	126	127	128	129	130	131	132	133	134	135
確定需要量			24	29	32	41	54			29	40	25	9		
期番号	136	137	138	139	140	141	142	143	144	145	146	147	148	149	150
確定需要量				34	37	38			31	34	27	36	69		
期番号	151	152	153	154	155	156	157	158	159	160	161	162	163	164	165
確定需要量	46	20	21	12	37			29	20	17	20	32			29
期番号	166	167	168	169	170	171	172	173	174	175	176	177	178	179	180
確定需要量	22	23	24	29				36	33	45				56	54
期番号	181	182	183	184	185	186	187	188	189	190	191	192	193	194	195
確定需要量	27	31	16	9			2	21	12	21	14			11	11
期番号	196	197	198	199	200	201	202	203	204	205	206	207	208	209	210
確定需要量	23	18	22			13	27	25	24	45			29	14	15
期番号	211	212	213	214	215	216	217	218	219	220	221	222	223	224	225
確定需要量	18				12					26		21	33	20	24
期番号	226	227	228	229	230	231	232	233	234	235	236	237	238	239	240
確定需要量	26			20	33	37	34	42			34	51	50	37	50
期番号	241	242	243	244	245	246	247	248	249	250	251	252	253	254	255
確定需要量			28	22	20	27	21		40						

第6章 必要在庫量の維持

1	期番号	1	～	15	～	251
2	確定需要量			22		

図 6.43　確定需要データの設定演習

量の入力欄を設定する。横軸は期番号で1期～250期程度を目安とする。入力欄を設定後，その確定需要欄に表6.4に示す確定需要データを入力する。データの入力後，確定需要データをグラフ表示して図6.14と同様の姿になることを確認する。また，企業で本演習を実施する場合は実際の品目を例として取り上げるのもよい。

(4) 在庫受払の演習

確定需要データを設定したスプレッドシートを活用して，そのシート上に図6.44で示すような在庫受払ブロックを作成する。

また，スプレッドシート上の各セルに，図6.12で学んだ在庫受払の処理を行う計算式を設定する。なお，シート上に空白行を挿入すると見やすくなる。計算式の入力後，在庫受払状況を独自に工夫たグラフで表示する。入庫（供給）量の欄が未入力の場合，全需要が欠品アラームとなり，全需要量が未出庫残高になるので動作の検証に活用する。また，確定需要のデータ部分のみを入庫（供給）量の欄に転写すると欠品アラームは消えて受払後の当期末手持在庫量はゼロになる。また，当期末手持在庫量全体の平均を求めるなどの工夫を追加するとよい。

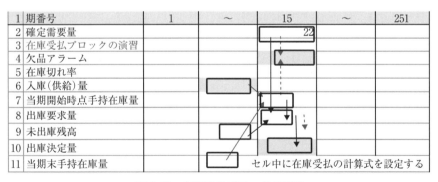

図 6.44　在庫受払ブロックの演習

6.6 在庫計画と在庫補充方式の演習

(5) 需要統計の演習

確定需要データを設定したスプレッドシートを活用して，そのシート上に図 6.45 で示すような需要統計ブロックを作成する。

また，スプレッドシート上の各セルに，図 6.13 で学んだ需要統計の処理を行う計算式を設定し，需要モデルを設計する。なお，シート上に空白行を挿入すると見やすくなる。需要統計の演習で注意する点は 4 点ある。第 1 に，確定需要量のデータのうち表記上の 0 個は注文が発生していないので件数から除く。その入力欄は欠測値として除くことである。そのために確定需要欄がゼロの場合は欠測値に変換する行を設けるとよい。第 2 に，移動平均期間は 63 期とする。期の始めから 63 期までは統計処理の期間数が 63 以下になることに注意する。第 3 に，標準偏差はサンプル数が 3 未満の場合にゼロ除算となるので計算できない。そこで，サンプル数が 3 未満の場合はゼロとするか，または，最後に計算した標準偏差を引き継ぐ。第 4 に，移動平均の対象となる確定需要量は当期から見て過去（期番号が若い期）にあたるセルが対象になっている点に注意が必要である。

求めた需要統計は図 6.14 を参考にグラフ表示し，変動する需要量 Sd と求めた需要モデルの関係について討議する。

(6) 必要在庫量算出の演習

需要統計を作成したスプレッドシートを活用して，そのシート上に図 6.46

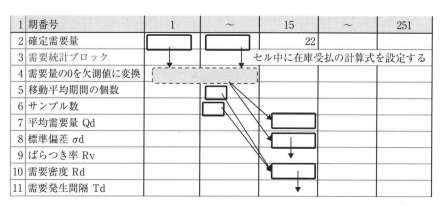

図 6.45　需要統計ブロックの演習

第6章 必要在庫量の維持

1	期番号	1	〜	15	〜	251
2	確定需要量			22		
3	必要在庫量計算ブロック			セル中に在庫受払の計算式を設定する		
4	期間必要在庫量 Fd					
5	安全在庫量 Sl					
6	必要在庫量 In					
7	目標余裕在庫率 Trm					
8	手持余裕在庫率 Hrm					

図 6.46　必要在庫量算出ブロックの演習

で示すような必要在庫量算出ブロックを作成する。

　また，スプレッドシート上の各セルに，図6.15で学んだデカップリング在庫理論に基づく必要在庫量 In を求める計算式を設定する。式については5.6節を参照されたい。なお，シート上に空白行を挿入すると見やすくなる。必要在庫量の演習で注意する点は2点ある。第1に，需要密度 Rd は使用しない状態で作成する。第2に，計算結果は小数点以下第2位を四捨五入して小数点以下第1位まで求める。目標余裕在庫率 Trm と手持余裕在庫率 Hrm は小数点以下第5位を四捨五入して小数点以下第4位まで求める。

　求めた必要在庫量は図6.17を参考にグラフ表示し，需要モデルと求めた必要在庫量 In の関係について討議する。

(7) 補充要求量算出の演習

　必要在庫量を算出したスプレッドシートを活用して，そのシート上に図6.47で示すような補充要求量算出ブロックを作成する。また，スプレッドシート上の各セルに，図6.18で学んだ補充要求量 Sr を求める計算式を設定する。本演習において供給リードタイム Lcp は5期とする。式は6.1節を復習して参考にする。なお，シート上に空白行を挿入すると見やすくなる。必要在庫量の演習で注意する点は4点ある。第1に発注点という考え方は存在しない。補充要求量 Sr は(必要在庫量 In − 有効在庫量 Ia)で求められる。必要在庫量 In は必要在庫量算出ブロックから参照する。第2に，供給側有効在庫量 Iap は演習中の補充要求量算出ブロックの(当期 − Lcp)から(当期 − 1)までの補充要求量 Sr の合計である。また，手持側有効在庫量 Iah は在庫受払ブロックの(当期 − 1)の当

6.6 在庫計画と在庫補充方式の演習

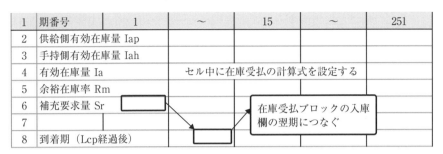

図 6.47 補充要求量算出ブロックの演習

期末手持在庫量のことである．第3に，本演習においてロットまとめは行わなくてよい．求められた補充要求量 Sr は小数点以下を切り上げて整数化する．第4に，供給活動ブロックは省略してよい．その代わりに，求められた補充要求量 Sr は在庫受払ブロックの供給リードタイム Lcp 経過後の入力欄に接続する．これにより，演習で作成する4つのブロックが連動して動作する．

求めた補充要求量は図6.19を参考にグラフ表示するとわかりやすい．また，演習で作成した4つのブロックを連動させた在庫計画の結果を図6.29で示すような総合的なグラフに表示するとわかりやすい．需要モデルと在庫の挙動の関係について討議する．

(8) 各種指標算出の演習

在庫補充シミュレータの動作が確認できたら，各種の指標を求める．
- 移動平均で求めた需要モデルの平均，在庫切れ率を求める．
- 売上原価率，販売管理費比率を設定し，キャッシュ収支比率 KPI_2，品目の総利益棚卸資産交叉比率 KPI_3，品目の営業利益棚卸資産交叉比率 KPI_4 を求める．

(9) シミュレータに工夫を追加する演習

各グループが演習で開発したシミュレータに工夫を加え，在庫の挙動について観察する．
- 実験用の需要データとして，平均需要量 Qd がばらつかないような定量（例えば100個）の需要量 Sd を需要密度 Rd が100%にならないようにランダ

ムに数期ごとに用意する。この実験用データを用いると安全在庫量 S_1 はゼロになり，補充要求量 Sr も需要量と同期していくのでツールの動作テストがやりやすい。また，需要密度 Rd により必要在庫量 Ind または In に端数が発生するので，さまざまな発注方式の考え方と挙動の理解につなげやすい。

- 移動平均期間を変更して移動平均期間による違いを観察する。
- 安全在庫係数 k を変更して安全在庫量の働きを観察する。
- ダブルビン方式の必要在庫量 Ind の計算方法を追加してそれらの違いを比較する。
- 補充要求量のロットまとめを追加して在庫の挙動を観察する。
- 供給リードタイム Lcp を1期～180期程度まで可変にして在庫量の増減の仕方や在庫の切れ方の変化など，その影響を観察する。
- 供給ブロックを新設し，休日などを考慮した供給リードタイムの遅れを観察する。
- 供給ブロックに対して需要予測によるバックワード型供給方式の指示を与え，在庫補充計画との違いを観察する。
- 乱数を活用してさまざまな需要データを発生させてその挙動を観察する。

(10) ステップアップの演習

企業で本演習を実施する場合は実際の品目の需要実績データを収集し，さまざまな品目について在庫の挙動を分析する。また，改善案を討議する。

(11) 優先補充，先行補充の演習

在庫補充用シートを多品目用に複数枚用意する。また，余裕在庫率並べ替えシートを新設する。

- 6.1.3項を復習し，平準化のための制約能力を設計する。
- 各品目のシートから期ごとに余裕在庫率 Rm を余裕在庫率並べ替えシートに転記する。
- 余裕在庫率 Rm の小さい順にソートして補充品目を決定する。
- 補充対象品目を各シートに連携し，その品目のみ各シートで補充する。
- 平準化と在庫量と在庫切れの状況を観察する。

第Ⅲ部

在庫計画による管理
(Manage supply chain by inventory planning)

　第Ⅲ部では，物理的な現象としての在庫を統制していくための考え方について，管理視点で把握する。実務において管理の視点は第Ⅰ部で述べた経営視点と第Ⅱ部で述べた現場視点が複雑に絡み合う。この複雑な絡み合いは管理者の経験と勘という暗黙知となって蓄積される。そこで，第Ⅲ部は読者が持つ管理者自身の暗黙知について第Ⅰ部と第Ⅱ部の知見を活用して整理し実務への展開の一助とすることを目指す。理解促進のため，第Ⅰ部と第Ⅱ部の内容の対応が必要になる。しかし，再掲による重複を避けるため章節項番を示して復習できるように配慮したことを承知願いたい。解説内容はテキスト『経営視点で学ぶグローバルSCM時代の在庫理論』の第6章「カップリングポイント在庫計画の導入設計」の部分に相当する[1]。詳細を学びたい方は本書と合わせて参照するとよい。

第7章
在庫計画導入のための業務管理分析

7.1 商品特性で決まる企業間連携の基本構造

7.1.1 サプライチェーンの4つの特性

　企業間連携(サプライチェーン)の整理は,図7.1に示すように,原料から化学的加工による材料の生産,材料から物理的加工による部品の生産,部品を集めて組立によるユニットやモジュールなどの機構品の生産,機構品を集めて組立工程による完成品の生産,流通というように各企業が担う役割の特性に分けて整理する。また,調達先や外注先も工程の1つと位置づけて材料から完成品までの流れを企業間の連携図として整理する。

　各企業が担う役割は商品特性,生産特性,販売特性,物流特性の4つの着眼で整理するとわかりやすい。4つの特性から需要と供給の量の要素および時間の要素を把握し,在庫の挙動と管理の着眼を整理する。

(1) 商品特性(主対象)の整理

　商品特性には,天然・自然産品,エネルギー,素材,産業用品目,生産財・消費財・生活物資,知識,物質特性(強度,粘土,経時変化),形状(気体,流体,固体,粉体),単位量(重量,質量,容積,長さ,広さ,密度)などがある。商

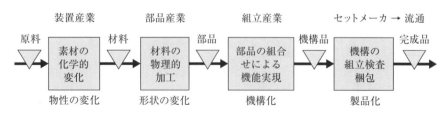

図7.1　企業間連携整理の考え方

7.1 商品特性で決まる企業間連携の基本構造

品特性の整理では，各企業が産出する素材，材料，部品，機構品，完成品，知識などの管理対象品目と，各企業が購入して投入する原料や部品，機構品，知識などの管理対象品目の特徴を把握する。管理対象品目のことを「企業が生み出す主たる価値の対象」という意味で「主対象」と呼ぶ。主対象の特徴は生産特性，販売特性，物流特性を決めていく前提となる。

(2) 生産特性の整理

生産特性には，操業方式（連続，バッチ，ライン，1個流し），生産規模（大規模，小規模），運転制御方式（無人化，自動化，半自動化），段取り（治具，工具，段取り替え），顧客仕様対応方式（標準仕様，カスタマイズ）などがある。生産特性の整理では，品目の産出の仕方に関する改善を推進し，在庫量を適正化するための特徴を把握する。

また，生産特性ごとに主要な産業が形成されている。例えば，素材の化学的変化を担う装置産業，材料の物理的加工を担う部品産業，部品の組み合わせによる機能実現を担う組立産業，機構の組立てを担うセットメーカ，消費者に商品を提供するライフラインを担う流通業に整理することができる。製造・流通の産業界は概ね（商品特性×生産特性）の分類で業界が構成されている。

(3) 販売特性の整理

販売特性には，取引方法，取引量，納期などがあり，カップリングポイント（適正在庫位置）を設定する際の重要な枠組みとなる。販売特性の整理では，需要統計や第8章で述べる品目管理の着眼となる4象限分析など，在庫計画の入り口となる特徴を把握する。また，需要量のばらつきを低減するために月末集中などの販売の仕方に関する改善活動を推進する。

(4) 物流特性の整理

物流特性には，事業所立地，輸送方法，輸送時間，保管方法，保管時間などがある。物流特性の整理では在庫量を適正化するために，物流の仕方に関する改善活動を推進するための特徴を把握する。

また，企業間の連携整理では，企業間の取引に伴う在庫の発生状況を把握する。この整理を通して必要在庫量を見直し，改善による経営効果を試算する。

第7章　在庫計画導入のための業務管理分析

改善には受注・発注のあり方，輸送のあり方，荷姿や梱包のあり方などの作業改善も含まれる。これらの改善を通して，管理サイクルの短縮，リードタイム短縮，ロットサイズ縮小，経費低減につなげていく。

7.1.2　装置産業の特性

装置産業の代表例を図7.2に示す。投入する原料は一次産品であり，産出品は後続産業で使用する材料である。原料である一次産品の特徴は産出量が気候などの天然自然に由来することが多く，価格は市況により変動する。また，日本の場合，一次産品の国内での産出量が少ないためほとんど輸入に頼っている。そのため，在庫計画の観点からは戦略的在庫量として確保する例がほとんどである。例えば，原油は3カ月間の在庫保有を目安としている。

装置産業では，これらの一次産品を加工装置に投入して連続的に大量産し，材料を産出する。産出される材料の形状は気体，流体，固体，紛体などさまざまであり，在庫計画で扱う単位も重量，容積，質量，密度，長さ，広さ，成分など多様である。

装置産業の利益創出モデルは投入する原料の確保，原料の取引価格，装置の

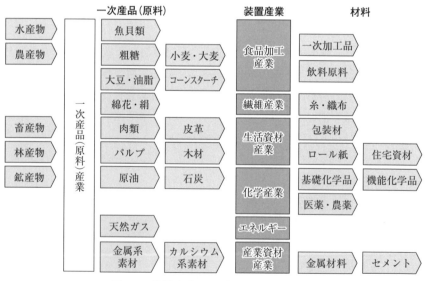

図7.2　装置産業のサプライチェーンの例

投資と償却，装置の稼働状況と収率などの生産性，戦略的に在庫保有するための保管施設・設備の投資と償却，などに依存する。一方で，長期にわたる在庫保有に必要な運転資金の確保は重要な経営指標である。

　また，原料の市況価格は日々変動するので，この価格変動に対して大量の在庫を緩衝として活用し，産出される材料価格を緩やかな変動に抑え込む働きもある。このような大規模な在庫投資は本書で述べる在庫計画と異なる挙動をしている。在庫投資に必要な運転資金は経済動向を踏まえて調達される点も，本書で述べる在庫計画と異なる。

　装置産業の適正在庫位置は原料在庫の位置と推定できる。産出する材料の市場価格が安定化するように，また，供給過剰にならないよう需要量に追随する補充計画が望ましいと考えられる。また，装置の稼働を優先し，1日24時間・年間365日の連続運転という能力制約下において，第6章で述べた優先補充と先行補充は，在庫切れを起こさないための投入順序を決める在庫補充方式として，石油化学産業の工程で実用化されており，その有効性を発揮している。

7.1.3　部品産業の特性

　部品産業の代表例を図7.3に示す。投入する材料は装置産業によって原料からある物質成分が取り出された素材であり，産出品は後続産業で使用する部品である。投入する材料・素材の代表例には，食品用素材，繊維用素材，有機化学系素材，無機化学系素材，金属材料系素材，カルシウム系素材，エネルギー資源，などがある。部品産業は，投入するこれらの素材の形状を加工して目的の機能部品にする。

　部品産業の中では食品加工と工業用品加工では特性が異なる。食品加工の場合，原料入手時期が季節に限定される原料があり加工時期が集中する。加工が集中した後には年間の需要量を賄う分が在庫として積みあがる。また，需要実績より先に供給が始まるので需要統計に従って補充することが難しい。冷凍倉庫などの大規模な物流施設も必要になる。食品加工産業では衛生管理と品質管理を軸として，年間の在庫計画による在庫を売り切ることが重要になる。

　一方で，工業用品を産出する部品産業の生産特性は加工方法に依存している。加工方法には，金属材料を対象とした鋳造，鍛造，プレス，曲げ，切削，穴あけ，切断，研磨，メッキや，樹脂材料を対象とした成型などがある。部品

第 7 章　在庫計画導入のための業務管理分析

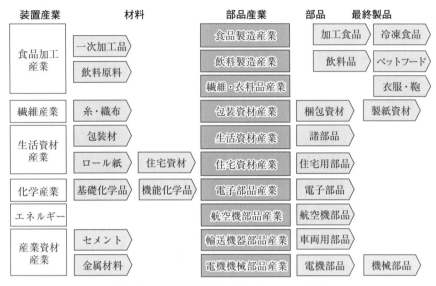

図 7.3　部品産業のサプライチェーンの例

　産業の役割は，さまざまな加工方法を組み合わせて大量生産による均質な機能部品を安価に供給することにある。そのため仕様は共通化または標準化されることが多い。また，大量生産することから保有する在庫量も多くなりがちである。顧客である下流側の組立産業は競争にさらされており，組立産業の顧客企業から部品仕様のカスタマイズを要求されるケースも増えている。しかし，カスタマイズ要求に応じようとすると生産規模が小さくなり，採算性が低下するなどの問題に直面する例もある。

　部品産業の利益創出モデルは，共通仕様品を大量生産することにある。また，量産に使用する金型や治具などの固定費回収，段取りロスなどが重要な位置を占めるため，ややもすると大きなロットサイズにまとめてしまい，在庫過剰に陥りやすい。部品産業においては徹底した段取り改善が求められる。そこで，部品産業は顧客要求仕様に基づいて受注生産ができる部品と，見込在庫を保有せざるを得ない部品に分けて管理することが重要である。見込在庫を保有せざるを得ない場合，本書の在庫計画は在庫適正化に有効である。

7.1.4 組立産業の特性

組立産業の代表例を図7.4に示す。投入する部品は部品産業で産出される。投入する部品は，有機化学系の樹脂素材の部品，金属材料系の鉄，銅，アルミニウムなどの部品，無機化学系の薬品，林産品の木材の部品，半導体や電子部品など，さまざまな部品が部品産業から集められる。これらの部品がシャーシ，筐体，基盤などに組み付けられ，挿入，嵌合（かんごう），圧着，溶接，溶着，接着，ねじ締，配線などの組立技術を駆使して機構品が完成する。組立産業の産出品は後続のセットメーカで使用する機構ユニット品である。

組立産業の顧客である下流側のセットメーカの製品は，高度なシステム機能が埋め込まれたシステム品が多い。例えば，ビル・住宅産業において，建物を完成させようとすると建物の構造体の建設から電気，ガス，水道，通信，内装などの異なる技術を駆使したユニットが必要である。自動車においては，車体系統，エンジン・動力系統，駆動力伝達系統，操縦・制御系統，車輪系統，安全システム系統など，ティア1と呼ばれる部品メーカ群が機構品の組立を担っている。

最終製品がシステム品でない場合，機構品がそのまま最終製品として消費者

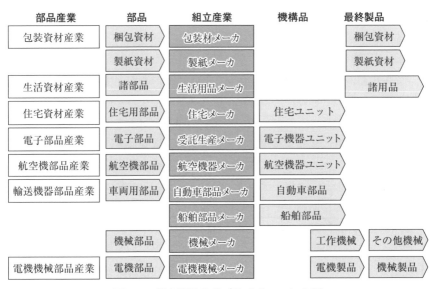

図7.4　組立産業のサプライチェーンの例

に出荷される場合もある。例えば，家電メーカはテレビ，洗濯機，冷蔵庫など家庭電気製品を単品のまま流通産業を経由して消費者に販売される。

　組立産業の利益創出モデルは，顧客が要求する製品仕様を実現する製品を設計し，実際に形にして動かせるように部品を集め，組み立てることにある。部品は部品産業が利益を分配し，システム品の利用価値に対する利益はセットメーカが分配する。そのため，組立産業の価値が見えにくくなり，どうしても薄利になりやすい。一方で，セットメーカからの仕様カスタマイズが求められ，量産効果も出せない。組立産業は，このようにサプライチェーンの連携の中において下流側企業からと上流側企業からの両方から板挟みになる位置にいる。

　組立産業の適正在庫位置は，企業内に存在することが多い。組立時間を徹底的に短縮して確定受注に応じて組立てができるようにすると製品在庫は驚くほど削減できる。一方で，部品調達先が海外部品メーカの場合は調達リードタイムが長くなり部品在庫量が増加する。また，購入する部品のロットサイズが必要量より大きい場合は必要量以上購入することになりムダが発生する。このように，組立産業はいつも在庫問題と向き合うことになる。

7.1.5　セットメーカの特性

　セットメーカの代表例を図7.5に示す。投入する機構品は組立産業で産出され，また投入する部品は部品産業で産出される。機構品，部品，ソフトウェア（知識，利用技術）などがセットとなって一体化した最終製品を産出する。このような産出品のことをソリューションと呼ぶことがある。産出品は流通産業を経て消費者に販売される。あるいは，流通産業を経ないで企業が直接消費するケースも多い。最近は，これらの一体化した商品を購入するのではなく，セットメーカまたは資産保有企業が代理で購入し，消費者はその利用便益のみを享受するというレンタルやシェアードサービス形態も一般化している。

　セットメーカの利益創出モデルは，ソリューションと呼ばれる知識や利用技術を埋め込むことにある。そこで，機構品や部品などの有形な生産物を作る工程を外部化(アウトソーシング)し，設備投資を抑えるファブレスメーカもある。セットメーカの中には，有形な産出物を在庫として保有することを避けて事業をサービス化する傾向が見られる。あるいは利益創出モデルに対応して事業単位に分社化し，グループ運営する企業もある。

7.1 商品特性で決まる企業間連携の基本構造

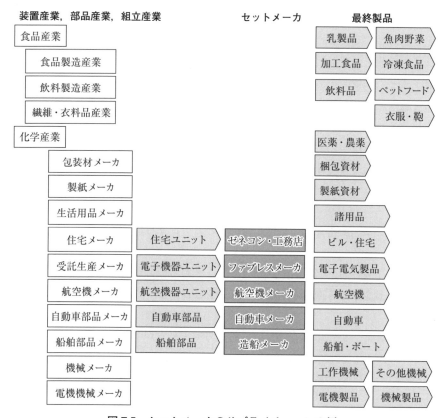

図 7.5 セットメーカのサプライチェーンの例

　しかし，どのようなソリューション提供であれ，純粋なサービス事業を除いて有形な設備や機材，機構品，製品を活用してソリューションを提供しているので，事業グループ内のどこかの分社化事業において在庫問題が潜んでいる。例えば，「移動する空間の提供」というソリューションに対しては移動する車両が物理的に存在していて，車両の在庫計画が必要である。同様に，「健康を提供する」というソリューション事業において，現実には医薬品が提供されているので医薬品の在庫計画が必要である。

7.1.6　流通産業の特性

　流通産業は市民を対象として生活に必要な物資とサービスを提供する重要な

第7章 在庫計画導入のための業務管理分析

基盤(インフラ)産業である。流通産業の代表例を図7.6に示す。流通産業は販売を目的として機構品や製品を組立産業から仕入れ，消費者に販売するというライフラインの産業である。在庫を用意することが需要を呼び起こすことにつながるという特徴がある。販売方法には対面販売と通信販売がある。また，物品を扱う店舗と，飲食を扱う店舗で在庫の対象が異なる。飲食を扱う店舗では食材を2日程度で回転するよう在庫しておき，注文に応じて調理して提供する。完成品の在庫はない。調理加工というサービスがセットになって販売される。

物品を販売する店舗では扱い商品のグループをカテゴリと呼ぶ。カテゴリ別に店舗をみると，ある商品カテゴリに特化した専門店や複数カテゴリを扱う複合店がある。複合店の代表例に衣食住の生活用品カテゴリを扱うホームセンタ，あるいは，ある1日に必要な日用品のカテゴリを扱うコンビニエンスストアがある。

顧客層で分けると高額品，ブランド品を求める顧客層向けのデパート，廉価品，実用品を求める顧客層向けの100円ショップという分け方もある。

いずれの店舗においても在庫を保有することが利益を生み出す源泉なので，品揃えと徹底した在庫保有に対する利益の生まれ方が管理指標になる。これは

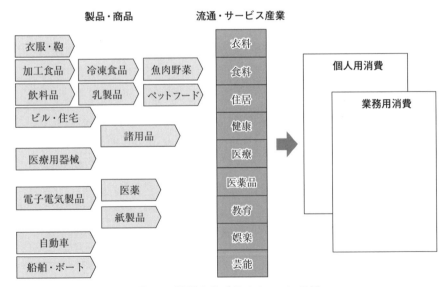

図7.6 流通のサプライチェーンの例

在庫の回転数を高めることである。

　流通産業の利益創出モデルは商品仕入と店舗販売にある。流通産業で用いられる代表的な管理指標に GMROI(gross margin return on inventory and investment) がある。GMROI は 2.4.2 項で述べた売上総利益と棚卸資産の交叉比率 KPI_3 と同義である。在庫を保有するための運転資金以上に総利益を生み出すことが求められる。そのため，在庫切れを起こさないこと，必要以上に在庫を保有しないこと，仕入れに必要な物流経費や陳列のための諸経費を最小化することを両立させるために，在庫計画は重要な業務と位置づけられる。

7.2　業務管理の特性と在庫の関係

7.2.1　業務特性と在庫の関係

　企業の組織は図 3.1 で示したようにに専門的な職能を中心に グループ化されて部門が編成される[3]。

　例えば，販売活動について「事業の売上目標を設定し，顧客に対する商品の販売促進行為，売買契約，商品引渡，売上計上，売上債権回収保全，入金確認を行う」という定義を行うとして，図 7.1 で示した素材の化学的変化を担う化学産業の企業の販売活動と，最終製品を組み立てる組立産業の企業が担う販売活動では，販売活動それ自体の定義はどちらも同じである。しかし，実際の販売活動の現場でどのようなやり方で活動が展開されるかはまったく異なる。その理由は，7.1 節で示した商品特性の違いによる。そこで，7.1 節で示した企業間連携の特性と図 3.1 で示した各企業の分業(役割分担，部門)とを図 7.7 に示すように掛け合わせて業務上の特性を整理する。

　また，在庫に関してキャッシュを生み出すことの管理の優先度を高めるために 2 つの考え方がある。第 1 は，各部門でキャッシュを生み出すための在庫計画の指標を目標設定することである。これは，多くの企業で行われている。この場合，部門の最適性に陥りやすいので部門間調整が必要になる。第 2 は，第 1 に加えて，図 7.7 の右下に示すようにキャッシュを生むことに関する管理指標を全社的に統制するための職責「在庫計画」を設定し，その統制下で関連部門を計画・監督し，各部門を教育しつつ改革を推進することである。この考え方については 9.1.5 項で述べる。

第7章 在庫計画導入のための業務管理分析

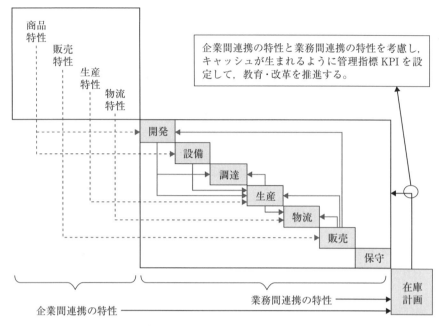

図 7.7 在庫計画のための業務特性整理の考え方

7.2.2 商品の企画開発活動

商品企画開発活動はシーズとニーズから商品・サービスの仕様を設計する。この活動において在庫の適正化にかかわる検討項目は非常に多い。

(1) まず，商品・サービスの仕様と顧客ターゲットから販売予定量および原価と売価が企画され売上総利益が想定される。

(2) 次に，売上総利益から保有可能な棚卸資産額の上限が総利益額を上回らないように設定する。また，棚資産額を原材料・部品，仕掛品，製品商品に配分する。

(3) 販売方法，供給方法を仮設定して必要な資材量や部品量を試算する。次に，調達(供給)リードタイム L を仮設定する。販売予定量を想定する単位期間の大きさ Qd に換算する。想定する供給リードタイムから在庫計画理論の必要在庫量を計算する式を用いて必要在庫量 In を試算する。

(4) 試算した必要在庫量が想定する売上総利益を上回る場合，キャッシュは生まれないことになるので，キャッシュが生まれるように供給方法，原価，

売価，販売予定量を見直す。その結果，商品・サービスの仕様見直しが必要になる場合(1)〜(4)を繰り返す。

このように，商品企画段階でキャッシュが生まれる基本の形を設計することが重要である。ときどき，商品企画段階において在庫保有が許されないほどの薄利になっているケースが散見される。このような状況を見過ごしたまま量産すると，売上総利益は計上されるので儲かっているように見えるがキャッシュが枯渇する。そのほかに商品企画には商品用途や商品寿命の想定，保守の仕方，仕様の共通化などがある。商品用途は生産財や消費財による在庫の持ち方の違いである。商品寿命は6.2節で述べたように品目のライフサイクルに応じた在庫の持ち方を検討する必要がある。仕様の共通化を高めて専用部品を減らすことは安全在庫量の持ち方と在庫切れ発生の際の対応の仕方に影響が大きく，キャッシュの生み出し方を左右する。また，パッケージデザインは物流効率を左右する重要な仕様の1つである。

なお，2011年の東日本大震災に代表されるようなサプライチェーン上のリスクに対応する在庫の持ち方については本書の対象としていない。リスクマネジメントに必要な供給先の二重化や在庫保有の二重化は，それ自体が戦略的なテーマである。

7.2.3 商品・サービスの販売促進活動

販売促進活動は売上高を確保し，拡大する活動である。顧客への販売促進のためには競合企業との競争関係，チャネル政策，販売状況などを強化する活動がある。販売促進活動は商品特性により活動内容が異なる。

サプライチェーンの下流側に位置する流通企業の場合，顧客は一般消費者である。そのため，品ぞろえ，陳列量，商品の回転などが重要視される。これは名前を変えた在庫計画である。類似の競合店との違いを認識しながら目標サービス率(在庫切れ率)や品切れ時の取り寄せ納期などを設定する。

また，流通業の場合，GMROI(gross margin return on inventory and investment)と呼ぶ在庫投資額に対する売上総利益の比率を管理指標として品目管理する例が多い。この指標は本書の第Ⅰ部で解説した品目の総利益棚卸資産比率 KPI_3 と同様の考え方であり，なじみやすい。

また，食料品や消費財のように一般消費者向けの品目の場合，消費者の販売

量の動向は売れる量のばらつき σd となって現れ，安全在庫量 S_1 を大きく左右する。一時的な売上増加を期待してキャンペーンを打つことが大事な場合もあるが，そのばらつきによる安全在庫量を多く持つよりは，淡々と平均量を販売することにより安全在庫量を減らす方がキャッシュを生み出すことにつながる。

　また，サプライチェーンの中間に位置する部品産業，組立産業の販売促進活動はセットメーカからの要請，あるいは，競合企業との納期短縮競争が激しい。短納期への対応は供給側企業にとって大きな在庫負担を強いられる要因である。短い要求納期に対応して供給できない場合，カップリングポイント（納期対応の適正在庫位置）は下流側の位置に設定することになり見込在庫を必要とする。このような場合，すべての品目に対して見込在庫で対応するのではなく，売上高や売上数量などを考慮して第Ⅰ部で述べた管理指標 KPI（key performance indicator）を評価し，キャッシュが生み出されない品目については受注生産化するなどの政策転換が必要になる。

7.2.4　生産および設備投資の活動

　生産活動に必要な供給リードタイムとロットサイズは加工方法，加工順序，段取り替えなどの生産特性によって決まる。生産特性は図7.1で示したように，投入する素材・材料・部品から，部品・機構・製品への産出過程の加工方法の特徴を示すものであり，サプライチェーン上で果たす企業の存立意義そのものでもある。

　素材の化学的変化は熱や化学反応などを利用した加工方法である。例えば，鉄鋼石を溶かして鉄を取り出すような場合，膨大なエネルギーと原料を必要とする。そのため24時間365日連続操業で大量産する。大量生産と連続操業により，投資した装置の減価を償却しキャッシュを生み出す。このような場合に目前の小ロット化や供給リードタイム短縮は考えにくい。むしろ，新鋭設備投資の時に在庫計画が埋め込まれていなければならない。生産順序も年間の操業計画や定期改修を考慮して組まれる。このような加工特性は供給リードタイムの中に，ある品目の生産に割り当てられる生産順番待ちの時間が含まれるため1カ月から数カ月の時間が必要になる。また，生産順番が来たときには，次の順番までの期間の総需要量の予定分がまとめて生産され，在庫が大きく積み上がる。あるいは，定期改修に6カ月必要とすると，その期間の需要に応じられ

7.2 業務管理の特性と在庫の関係

るように6カ月分近い在庫量を積み上げる。

　材料の物理的加工は材料の切削，打ち抜き，曲げ，切断，鍛造，鋳造，押し出し，メッキ，などの加工を通して機能を持つ部品を製造する加工方法である。例えば，ある鋼材を外部から圧力をかけて鍛造し，プレスし，目的の形状になるよう切断し，次いで，穴あけを行う，などである。それぞれの加工には工作物(ワーク)を固定するための治具や工具が必要であり，図面の指示に従って取り替えていく。工作機械1台ごとに治具や工具の取り換えを行う段取り替えは品質を左右する需要な作業であり，そのための作業時間も供給リードタイムを左右する要因である。そのため，頻繁に段取り替えを行うと品質が不安定になるだけでなくロス時間も多くなる。あるいは，メッキなどのように廃液対応を考慮すると指定の工業団地地域に運ぶ必要があり物流特性も関係する。そこで，どうしてもロットをまとめることによって効率を維持することになる。自動化の推進によってロスタイムの削減や品質の安定化に取り組むが，すべてにわたり1個造りが実現できるわけではない。あるいは，シフト差によるロット在庫が発生することがある。このようなロットまとめによる在庫は逃れることができないという事情を理解する必要がある。

　部品の組合せによる機能実現の工程は1個造りができそうであるが，部品点数が多いプリント基板組立て，資格を必要とするガス充填，溶接などの工程はロットまとめによる効率が求められる。また，組み立てた機構ごとに動作確認検査を効率的に実施する必要がある。例えば，温度変化のエージング検査の場合，1日近くかけて氷点下から炎天下まで何回も検査室の温度を変化させていく。1品ごとの検査ではとても熱効率が悪いためロットまとめが必要になる。そのためロット在庫が生まれていく。機構の組立てによる製品化の工程においても，品質の安定化，作業者の勤務状況やシフトなどの事情である程度のロットまとめが必要になる場合がある。その場合，0.5日程度分のロットを上限として小ロット化を目指すとよい。

　このように，加工特性には加工技術と品目ごとにさまざまな事情があり，1個流しが理想であると一律に言えない状況があるということを把握し，在庫量の適正化活動を推進する。大量生産の効率を活かしながら個別仕様に対応するマスカスタマイゼーションの実現は目指す姿の1つである。

7.2.5 物流活動

物流活動は，大きく輸送にかかわる配送・積替えと，品目の入庫・出庫・保管に分けて述べられることが多い．また，物流活動は事業所の立地と商品特性の両者の密接な関係にある．商品特性の1つである形状は物流の方法を左右する．これにより輸送・保管の単位が決まる．また，生き物や食品のように鮮度管理が必要な品目があり，それらは物流設備それ自体の仕様や輸送時間（供給リードタイム Lcp），扱い可能な量（ロットサイズ）の制約となって現れる．

輸送方法が決まると輸送時間が想定できる．輸送時間は立地（発送元と受取先の輸送距離）に左右される．輸送時間は必要在庫量と比例的関係にある．そのため輸送時間短縮は永遠の改善課題である．また，船，航空，トラック，鉄道などの輸送手段は輸送時間と輸送経費を決定づける要因である．輸送時間が長いことによる必要在庫量の増大化は，そのまま必要な運転資金（キャッシュ）量の増大化につながる．

従来から，量をまとめることによる輸送費用と保管費用のトレードオフ問題が物流問題の定番として認識されている．輸送費用の問題の中には経路（ルーティング）問題もあり，在庫に関する研究の歴史も長い．これらは，売上最大化と経費最小化による利益の最適性を解くという問題の定式化で知られる．人件費が安い時代には人件費を変動させて，また，人件費が高騰してからは人件費を固定費化して，あるいは輸送方法を船便，航空便，鉄道便，トラック便と設定して輸送コストを品目1個あたり価格に配賦したうえで最適化を解くというように，物流領域を対象として利益最大化を解くという問題である．

それに対して，近年は，在庫による運転資金が膨らみ，利益が出ていてもキャッシュが生まれないという現象に陥ることを避けることの重要性が認識されている[4]．この指摘から学ぶことは，生まれるキャッシュが最大になるようにしたうえで利益を最大化していくという考え方である．例えば，船便で輸送リードタイムが6週間かかる場合，在庫量は6週間分になる．それを航空便に切り替えることにより1週間で済むとすると在庫量は1週間で済むことがわかる．つまり，船便に必要な運転資金は航空便より（6週-1週=5週分）多く必要である．この金額の大きさはざっと1カ月を超える売上高に相当する．一方で，どのような輸送手段を用いるかに関係なく販売量は同じとすると売上総利益は同じである．一般に航空便の輸送コストは船便より高いので，航空便を

使用すると営業利益が下がる。その差は運ぶ品目にもよるが販売管理費の数％の違いになる。この数％の経費の増減による利益の増減と，1カ月分相当の売上高よりも大きい額のキャッシュと比較して，キャッシュの生まれ方が大きいのであればキャッシュ増大化のほうを選択する。あるいは，経営側が求める価値観が資金効率にある場合は運転資金量が少なくて済む航空便を選択する。

7.2.6 保守活動

　保守活動は，機器やシステムの利用によって生ずる消耗，摩耗，減耗，破損などの経年変化による不具合や故障，および，製品やシステムの想定寿命を超える利用に対して，機器やシステムの働きを維持する活動である。保守活動は機器やシステムの稼働状況に応じて，どのように保守するかという考え方が整理され，予防保全，補修，修理，部品交換など，活動と管理の着眼が異なる。また，保守活動は，保守対象となる機器やシステムを所有する者が自身の財産を保全するという活動でもある。そこで，保守活動は保守対象となる機器やシステムの所有者が自身で保守を行う場合と外部委託する場合がある。このように，保守活動は対象となる機器やシステムの所有者，その利用状況と状態，予防保全または故障発生時などの保守実施の形態，などのさまざまな管理の着眼に対応して消耗品や部品の在庫計画のあり方が設計される。

　また，保守活動を本業から切り出して保守事業として独立させる場合，保守事業の利益創出モデルは診断や修理などの技術保有者による人的サービス（人件費回収），消耗品仕入販売（物品販売），部品交換（資産のレンタルまたは部品販売），部品製造（製造原価）というように発生経費の回収方法が設計されなければならない。その際，補修用の資材，材料，部品は，いつ発生するかわからない故障に備えて，実際に故障が発生するまでの期間，在庫として流動資産に計上される。そのための在庫計画は保守サービス提供のための前提となる。また，そのための運転資金は非常に低い回転になることを意味する。このことから，在庫計画は保守事業の生命線といえる。

　保守活動のための在庫計画において最初に考慮することは，想定される故障に対応するための部品の配置（適正在庫位置）である。緊急度，重要度，交換の発生頻度などによって部品ごとに適正在庫位置（カップリングポイント）が設定される。次に，適正在庫位置ごと，部品ごとの消費実績を把握することである。

これらの情報を統計処理し需要(消費)モデルを設定して在庫計画を活用する。なお，日本の自動車産業においては保守部品の在庫計画の事例は古くから知られ，陸運局の車検制度の運用を背景に知識の蓄積が進んでいる[22]。

7.3 サプライチェーン工程分析

7.3.1 サプライチェーン工程図の整理

　在庫は(量×時間)の物理的現象として発生する。量については(需要量＝供給量)の関係が理想状態である。時間については(要求納期＝供給リードタイム)の関係が理想状態である。在庫計画による在庫の管理とは，この理想状態と現実的な物理上の制約との乖離を少しでも少なくできるように取り組む活動である。現実的な物理上の制約を代表する要素は供給側の特性である。そこで，供給側の特性を整理する。これを本書ではサプライチェーン(SCM)工程図(Supply chain management process chart)の整理と呼ぶ。

　サプライチェーン工程図の整理は供給側特性の実態把握に有効である。サプライチェーン工程図の整理は企業内の投入から産出までの過程を管理単位の大きさで把握する。工程図は現場改善活動で活用するための精緻な図面から大まかな流れを示す概要図まで分析水準に応じた粗密レベルがある。本書での分析の目的は在庫計画にあるので，本書のサプライチェーン工程図のイメージは，模造紙ほどの大きさの用紙を準備し，図7.8に示すように上下を2分する中央位置あたりに横軸で左側から右側に向かって品目が流れるように工程を設定し，縦軸に調べたい項目の分類を設定する。

　上下2分した下側は物理的な特性にかかわる項目を整理する。
(1) 各工程における扱い品目を確認する。
(2) 加工に必要な所要時間，単位量を把握する。
(3) 工程(P)，品質(Q)，原価(C)，納期(D)，安全(S)，環境(E)，モラール(M)，などの特徴を書き込む。
　上下2分した上側は管理活動や事務手続きなどの情報の流れを整理する。
(4) 注文受付，計画立案，製造指示，検査，部品発注，受入，検収，入出庫，棚卸，出荷指示，などの手続きを把握する。
　また，サプライチェーン工程図の作成にあたり，現場の写真を貼付するなど

7.3 サプライチェーン工程分析

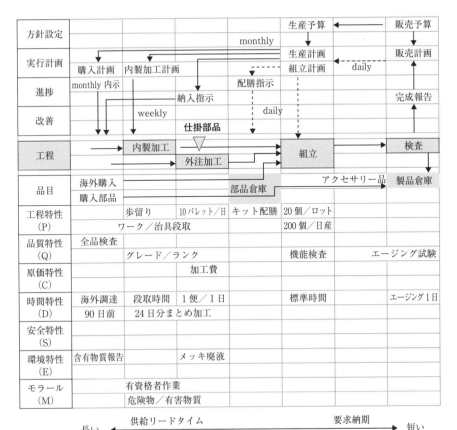

図7.8 機構品組立企業サプライチェーン工程図の例

の工夫を凝らすことで改善活動に参加するメンバの共通認識レベルを高めることができる。

7.3.2 サプライチェーン工程図を用いた現状分析と改善例

現状分析は整理した工程別に生産可能品目を整理し，品目別の生産順序，工程能力，加工時間，段取り替え時間，部品や原材料の調達ロットサイズや調達リードタイム，外注加工時間などを調査してサプライチェーン工程図に書き込んで整理し実態把握する。これらの情報は必要在庫量を計算するための元情報である。

第7章　在庫計画導入のための業務管理分析

　需要側の整理と供給側の整理を合わせて最初に検討することは，顧客要求納期に対応する適正在庫位置の設定である。また，次節で述べる品目管理の着眼4象限分析と組み合わせ，各象限ごとに改善の着眼を変えて分析する。例えば，図7.8で示す機構品組立企業のある品目のサプライチェーン工程図の内製加工と組立工程の間に仕掛部品の在庫量が多いことが判明した例を示す。

(1) 生産計画・指示の流れ

　この企業の例では，計画の流れの起点は図の上段右側の販売予算である。生産予算は販売予算から月割に予算化される。調達リードタイムが長い購入品は生産予算を根拠に部品メーカに予定を伝える。そして，販売計画は毎月ローリングされ，連動して生産計画を更新する。更新後の生産計画に基づいて購入品の内示，内製加工品の加工計画，組立計画が決まる。内製加工はさらに週に分割して内製部品の加工準備に入る。内製部品の加工は段取り効率を考慮して，概ね1週間から3週間分の需要予定量を1回の生産で済むようにロットをまとめる。組立工程は概ね1週間分の需要予定量を日割りに均等化した生産予定枠を用意し，日々のの確定注文に対応できるように生産能力と部品の配膳準備をする。実際の組立指示は確定注文が入った時点で発行される。これにより製品在庫量は劇的に削減できた。また，製品在庫での詳細な品目型番の需要予測と実際の販売実績の不一致は解消された。この受注組立生産方式を支えるために，内製加工品の出口には仕掛部品が用意されている。最近，この仕掛部品が異常に増加していることに悩んでいる。原因を調査した結果，確定注文に基づいて組立生産できるようになったことから，内製部品や購入部品において過剰在庫の発生が判明する。販売予算や販売計画の段階で詳細な部品の品目番号までは特定できない。加工部品の品目番号単位での詳細な予算化は無理である。従来は製品見込生産のため，部品は製品に姿を変えているのであり，部品在庫が残るという現象は表面化しなかっただけである。このように，生産方式の変更は見込在庫問題の本質的解決にならない。

(2) 内製加工工程の現状

　内製加工工程で製造する部品は最終製品の筐体枠組のための構造材として使用する部品である。内製加工工程は図7.9で示すように，ビレット状(円筒形)

7.3 サプライチェーン工程分析

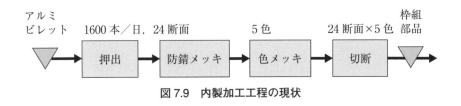

図7.9 内製加工工程の現状

の素材を断面形状のダイスから押出して長さ60mほどの棒状の構造材(バー材)を成形し、防錆メッキ槽、色メッキ槽を経て最終製品の大きさに応じた長さに切断し枠組部品として仕掛保管されるという流れである。素材はアルミニウム合金で、遮蔽性、気密性、断熱性などのさまざまな特徴を持つ断面形状に特徴がある。断面形状は24種類ほどある。また、色メッキの種類は需要量が多いブラックとシルバーのほかに注文に応じてブラウン、グレー、ワインレッドの5色が24種類の断面ごとにある。

工程能力を左右するのは押出工程である。1日8時間稼働で1600本の製造能力を持つ。押出工程の加工上の特徴は、素材とダイスの温度を400〜500度に高めてから押し出す。そのために素材のビレットを加熱するのに1ビレットあたり45分ほどの外段取り時間が必要であり、段取りロスを少なくするために外段取りしている。

押出工程の製造能力は、押出機1台あたり1断面形状・1日あたり800本で、2台の押出機で操業している。押出工程の製造時間は60mのバー材1本あたり8時間(480分)/800本=0.6分(36秒)である。24断面は1断面=1日で製造されるため、1カ月間で24断面が一巡する。次の製造順序が回ってくるまでの需要量を仕掛在庫として保管するため、仕掛在庫量は24品目平均で0.9カ月(押出直後の品目は1.8カ月近いこともある)を超えて保管している。しかし、顧客が希望する色の仕掛部品がない場合は緊急生産で押出工程から追加生産する。この緊急生産に対応するために押出工程の操業増加率は+25％ほどに達する月もある。また、メッキ工程の処理時間は数時間程度で、押出から切断完了して枠組部品になるまでの製造リードタイムは正味1日程度である。

このような背景で、+25％の緊急生産をせずに、かつ、仕掛在庫量の削減を図るという改善活動が課題化された。

(3) 改善活動の設計と推進

工程改善で検討する着眼は5点ある。

a．需要に対応するための適正在庫位置を設計する。
b．需要量に応じた供給量で操業する。
c．在庫削減効果を金額に換算して示す。
d．段取り改善の目標と，改善に必要な投資額を見積もる。
e．経営効果を数値化したうえで上申する。

適正在庫位置は，素材が枠組部品へと形状を変化させる工程の切れ目に着目して，少ない段取り時間で，できるだけ連続操業できるように仮設定する。検討の結果，図7.10で示すように，需要量が多いブラックとシルバーの長尺枠組部品は防錆メッキ後，そのまま色メッキ工程に投入し，切断工程の前に長尺材のまま仕掛在庫を保有する。これにより色メッキ槽の操業の段取りが削減できる。一方で，そのほかの3色の長尺枠組部品は防錆メッキ後に防錆長尺枠組部品として色を付けない状態の仕掛在庫として保有し，色メッキ工程以降は受注生産する。このように需要量が少ない3色の枠組部品の在庫計画と，需要量が多いブラックとシルバーの2色の枠組部品の在庫計画を分けて立案できるようにする。

また，需要量の実績を統計処理して分析した結果，1ロットの大きさは400本～530本でよいことが判明する。仮にロットサイズが400本とすると1日の

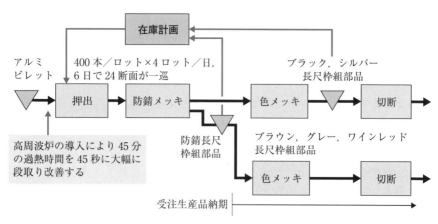

図7.10　改善後の内製加工工程

7.3 サプライチェーン工程分析

段取り替えは4回になる。同様に530本とすると1日の段取り替えは3回になる。しかし，これにより24断面を計画的に1順させるのに1カ月のリードタイムが必要であったのが，4回の段取り替えが可能になれば24断面／4断面／日＝6日の供給リードタイムに短縮できることが想定される。また，3回の段取り替えの場合は24断面／3断面／日＝8日の供給リードタイムに短縮できることが想定される。そこで，色がブラックで毎日400本近い需要が発生している断面のある品目を選び，必要在庫量を試算する。ロットサイズを400本と想定し，仕掛部品の在庫量はどのように変化するかについて式(5.16)を用いて試算する。1カ月の営業日数を24日とすると，1カ月の需要量は400本×24日＝9600本である。

1600本／日で1カ月に1回の操業の場合，9600本／1600本＝6日となり，この品目は集中して6日間まとめて製造している。在庫量は最大9600本＋安全在庫量となり，最小0本＋安全在庫量となる。平均在庫量はロット在庫量の式(5.3)から9600本／2＝4800本＋安全在庫量となる。

一方で，毎日1ロット生産すると，400本＋安全在庫量でよい。6日で一巡する場合は6日分の供給でよいので400本×6日＝2400本，平均のロットサイズ在庫量は2400本／2＝1200本となる。このように在庫量は毎日生産すれば安全在庫量だけで済み，6日ごとに生産すれば1200／4800＝50％＋安全在庫量に削減する。ここで，安全在庫量は9600本／月に対するばらつき分を用意するのと，400本／日に対するばらつき分を用意するのでは大きな違いが現れる。この品目の場合，操業能力は1600本／日なので平均需要量に対して4倍のばらつきがあるとしても十分に対応が可能である。同様に，24断面の各品目について試算していく。

また，押出工程の加工順序については防錆長尺部品の仕掛在庫量を24断面ごとに余裕在庫率を計算して，6.1.3項で示した優先補充と先行補充を導入する。また，6.6節で示した演習ツールに優先補充と先行補充を追加して効果を試算・評価する。

その結果，在庫月数は0.9カ月から0.65カ月に削減できることが明らかになる。また，＋25％の緊急生産をしなくてもよくなることが判明する[1]。この効果を金額表現して上申することになる。本事例においては直接的な経営数値の記述許可がいただけない。理解促進のために仮に，この内製工程の月生産高

第7章　在庫計画導入のための業務管理分析

を100億円規模として金額換算すれば，(0.9 − 0.65 = 0.25)カ月分で，その効果金額は25億円程度になるということがうかがい知れる。

　この実現のための検討課題は，素材とダイスの過熱時間45分の段取り時間の短縮である。この例の場合，高周波炉の導入により45分の過熱時間を45秒に大幅に短縮するという設備投資の認可を得る。この設備投資に対する回収が可能なほど在庫削減の効果は大きい。

第 8 章

品目管理の着眼 4 象限分析

8.1 品目管理の着眼 4 象限分析の考え方

8.1.1 品目ごとの改善と仕組みの改善の違い

　物理上の制約を代表する現実的な要素は供給側の仕組みと需要側の特性である。そこで，従来から改善活動というと仕組みの分析および仕組みの改善を意味することが多い。効率化を目指すために最適と思われる仕組みに一本化していくという考え方である。例えば，前節で分析する SCM 工程図についても，仕組みとしての最適性を追求する。その理由は工程に対する設備投資額が大きいからである。そして，代表品目を中心に改善案を策定することが多い。

　このような，仕組みによる改善方法は分析対象に選ばれた代表品目について効果が表れる。ところが，それ以外の分析しなかった品目について，品目ごとの最適状況と現実に投資した新しい仕組みや設備との不一致があると，稼働後に想定していない在庫として現れることがある。こうして，新しい仕組みを導入した直後から在庫問題が継続してあらわれる。

　それに対して，本書で提唱する在庫最適化の活動は，品目ごとに需要側と供給側の最適な状況を見つけ出して品目ごとに改善を図るという考え方である。したがって，在庫適正化の活動は品目ごとの分析が中心となる。例えば，品目数が 50,000 件であれば 50,000 件を対象に分析する。その理由は，「在庫」の対象は品目であって，設備や仕組みではないからである。世界標準といわれる生産管理の仕組みを導入しても在庫水準が標準になるわけではない。仕組みに指示する品目ごとの供給リードタイムなどの定義情報やパラメータ (変数) は品目ごとに 50,000 件設定しなければ仕組みは働かない。

8.1.2 ABC分析の限界

　品目ごとの管理特性の分析に従来からABC分析が用いられる[8][22]。ABC分析は，各品目の売上(出庫または消費)金額，または，売上(出庫または消費)数量，あるいは出庫頻度の3項目について，それぞれ大きい順に並べ替えて管理の特徴を明らかにする整理方法である。この整理方法はシンプルで使いやすい。しかし，売上(出庫または消費)金額が大きいことと在庫量が適正であるかどうかは結びつかない。同様に，売上(出庫または消費)数量が大きいことと在庫量が適正であるかどうかは結びつかない。一方で，出庫頻度は概ね売上(出庫または消費)高と売上(出庫または消費)数量と関係する。しかし，出庫頻度が低い品目は動いていないので削減しようにも廃棄・転売以外の削減方法がない。在庫適正化活動を具体化しようとすると出庫頻度の低い品目の活動はすぐに行詰まる。

　これらは在庫量が適正であるかを評価するための判断基準の誤解から生じる混乱である。在庫量が適正であるかどうかの判断基準は2.4.2項で述べた品目ごとの総利益棚卸資産交叉比率KPI_3が1.0以上であるということである。理想は品目ごとの営業利益棚卸資産交叉比率KPI_4が1.0以上である。製造・流通企業の場合，需要側に価値を提供することによりキャッシュを回転させて当初のキャッシュが増えることを目指す事業である。したがって，第1章で述べたように当初のキャッシュが目減りするというような事業の体つきにならないように改革・改善することである。たとえ利益が出ているように見えても在庫過剰によるキャッシュ不足を借入金で賄うようであれば，企業の永続性の観点からは不適切である。

　また，総利益の生み出し方は，
① 原価率が低いことにより生み出す，
② 売上(出庫または消費)金額が多いことにより生み出す，
③ 売上(出庫または消費)数量が多いことにより生み出す，

の3通りがある。総利益の生みだし方に応じて管理の着眼が異なる。そのため，金額と数量を別々に分析しても状況把握にとどまる。適切な施策を考えるために，さらに追加の分析・検討が必要になるという問題がある。そこで，管理の着眼について，総利益棚卸資産交叉比率KPI_3と売上(出庫または消費)金額と売上(出庫または消費)数量の三者を同時的に整理・分析する方法が求めら

れる。ただし，素材，材料，部品，仕掛品の場合，総利益棚卸資産交叉比率 KPI_3 は測定できないので金額と数量の同時的な分析になる。

8.1.3 多数品目のための4象限分析

本書では需要側の特性を品目ごとに整理するための「品目管理の着眼4象限分析(four dimensions analysis)」を紹介する[23]。在庫計画は1つひとつの品目を対象とした活動である。多くの品目を対象に合理的に分析する方法が求められることになる。その方法が本書で提案する「品目管理の着眼4象限分析」(略して4象限分析と呼ぶ)である。

品目管理の着眼4象限分析の目的は品目ごとの需給調整を管理の特性に仕分けてグループ化し，管理の着眼ごとに改善することにある。4象限分析は図7.3に示すように各品目の売上(出庫または消費)金額と売上(出庫または消費)数量の2項目をそれぞれ大きい順に並べ替えて管理の特徴を明らかにする整理方法である。

品目管理の着眼4象限分析の作成方法を以下に示す。

① まず，対象品目の全点リストを用意する。全点リストには分析対象期間(例えば3カ月間，6カ月間，12カ月間)の売上(出庫または消費)数量と単価(売価，標準原価または仕切価格など)，棚卸高(在庫金額)が抽出されている。全点数の棚卸一覧表に売上情報と原価情報が追加されていると考えてもよい。

② そのリストの数量×単価(売価および原価)を計算する。これにより売上(出庫または消費)金額と売上原価と売上総利益が求まる。

③ 次に，この全点リストを売上(出庫または消費)金額の高い順に並べ替えて品目を配置する。

④ 同じリストに先頭から順に売上(出庫または消費)金額の累計を求めていく。そして，パレート図を作成するのと同じ要領で，その累計の上位から80％に該当する品目に「金額80％フラグ」を付けておく。

⑤ 次に，金額80％フラグがついた状態の全点リストを売上(出庫)数量の多い順に並べ替えて品目を配置する。そして，パレート図を作成するのと同じ要領で，その累計の上位から80％に該当する品目に「数量80％フラグ」を付けておく。

第8章 品目管理の着眼4象限分析

⑥ 金額80％フラグと数量80％フラグの重なり具合を把握する。金額80％フラグはあるが数量80％フラグがない品目を「分類A高額品」とする。次に，金額80％フラグ，数量80％フラグがともにある品目は「分類B主力品」とする。そして，金額80％フラグはないが数量80％フラグがある品目を「分類C普及品」とする。最後に，金額80％フラグ，数量80％フラグがともにない品目を「分類D裾野品」とする。

⑦ そして，各品目の売上(出庫または消費)数量，売上(出庫または消費)高，棚卸在庫数量，在庫金額，在庫回転数(数量換算，金額換算)，滞留日数(売上高換算，売上原価換算)，総利益棚卸資産交叉比率KPI_3などを計算し，全点リスト上に追記して一覧化する。

⑧ また，分類A〜Dで並べ替えて分類ごとの合計品目数，合計金額，合計値による回転数(回転数の加重平均)，総利益棚卸交叉比率KPI_3平均などを求める。全点リストの合計は当該事業の全体の姿に相当し，概ね有価証券報告書の事業セグメントに対応する。

⑨ このようにして求めた全点リストの集計結果を図8.1で示す4象限の枠内に表記する。

このように分類すると，分類ごとの合計が占める割合は分類B主力品が64％，分類A高額品と分類C主力品が各16％，分類D裾野品が4％程度の割合であってほしい。量または金額について，この割合を大きく超える分類の品

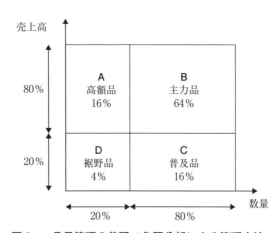

図8.1 品目管理の着眼4象限分析による管理方法

目は在庫適正化の優先度の高い品目であることが分かる。また，滞留日数（在庫回転数）の目標が経営目標と乖離している分類の品目は在庫適正化の対象品目といえる。

品目管理の着眼4象限分析は分析時期を決めて定点観測すると在庫の推移がわかりやすい。例えば，四半期ごと，半年ごと，1年ごとに推移をみていく。また，推移に変化がある場合，全点リスト上の品目ごとに総利益棚卸資産交叉比率 KPI_3 が低い順にその原因を調査する。中でも $KPI_3 < 1.0$ 以下の品目は重点的に状況を把握し対応策を講ずる。

8.2　品目管理の4つの特性

8.2.1　分類A高額品の特性
(1)　一般原則

分類A高額品の在庫適正化は原則として販売計画による供給がよい。需要件数が少ないと統計処理の誤差が多くなるため，在庫計画による供給は不向きである。また，統計処理が使えないということは販売計画の精確度を高めることが在庫削減に有効である。事業規模が大きい場合で需要件数が大数の法則を満たすだけの件数がある場合は在庫計画を活用してもよい。また，完成品の分類A高額品の総利益棚卸資産交叉比率 KPI_3 は全品目について1.0を超えていることが必須条件である。

(2)　セットメーカおよび組立産業

セットメーカおよび組立産業における完成品在庫は，リードタイム短縮と小ロット化により製品在庫の見込生産を廃して受注組立生産にする。部品や仕掛品は，部品表による所要量展開を行い，材料や部品は必要量のみ購入し，余剰をださないようにする。

(3)　部品産業

部品産業における完成品在庫は，その仕様が需要先指定の専用品と複数需要先に販売可能な業界標準仕様とで管理が異なる。需要先指定の専用品の場合は，引取責任に基づく契約量以上は造らないという原則を守る。業界標準仕様

品の場合は，業界での総消費量と自社のシェアから販売可能数量の上限以上は造らないという原則を守る。あるいは，下流側企業の生産能力以上の需要は発生しないので，下流側企業の生産能力以上の在庫量は過剰である。

(4) 素材や材料，副資材の調達

完成品を造るための素材や材料の仕入に要する調達リードタイムが長い場合，および，素材や材料の価格が市況に左右される場合，調達活動は需要量の動向と連動しない。調達リードタイムが長い場合は，業績評価の決算期間の長さ（例えば四半期決算の場合は120日）を上限として，その期間の需要予定量以上は購入しない。あるいは，ダブルビン発注方式の原則から理解できるように，有効在庫量（発注残量）は供給リードタイム分あればよいので，供給リードタイム期間分の想定需要量以上は発注しない。素材や材料の価格が市況に左右される場合は，市況価格を考慮する必要があると考えがちである。たいていの場合，市況価格を念頭に先物取引により取引価格安定化のリスクヘッジをしていると考えられる。その場合は，調達リードタイムが長い場合と同様に業績評価の決算期間の長さと供給リードタイムの長さから発注のための予約量を決め，それ以上は発注しない。素材や材料の発注は素材の希少性（例えばレアメタルなど）に目を奪われて買いだめしたくなる心理との戦いになる。

また，容器，包装材などの副資材，消耗品に相当する切削油や触媒などは原価構成の中で占める割合が高い場合，製品，部品と同様の在庫計画の対象とすることが望ましい。

8.2.2 分類B主力品の特性
(1) 一般原則

分類B主力品は徹底して在庫回転数を高めることが管理のポイントである。単位期間・計画サイクルを短サイクル化することが在庫削減に有効である。現在の計画サイクルが月次の場合は週次化，週次の場合は日次化など短サイクル化し，それに合わせて平均需要量 Qd を小さくし，小ロット化により劇的な在庫削減を図る。一方で，需要量の変動が激しいので分析時点で分類B主力品であっても，値崩れにより分類C普及品や分類D裾野品に変化する。常時監視することが重要である。また，完成品の分類B主力品の総利益棚卸資産交

叉比率 KPI_3 は全品目について 1.0 を超えていることが必須条件である。

(2) セットメーカおよび組立産業

　一般消費者向けの消費財は流通チャネルに商品在庫を用意する関係で受注生産は難しいと考えがちである。しかし，原則は受注生産が望ましい。企業向けの生産財は受注生産が原則である。消費財であれ，生産財であれ，どうしても納期対応のために見込生産する場合は必ず適正在庫位置（カップリングポイント）を設定し，その在庫位置において需要実績に基づくフォワード型の在庫計画により完成品を補充することが有効である。また，在庫計画による在庫補充方式を適用する場合，需要のばらつき率 Rv は 90% 以下を目安とする。これを超えると安全在庫量が多くなりすぎる。需要のばらつき率 Rv が 90% を超える場合は販売方法の改善が必要である。

　また，完成品の分類 B 主力品の回転数は組立工程の供給リードタイム Lcp を用いて簡便な目安が設定できる。例えば，供給リードタイム Lcp が 7 日とすると，最大回転数は 365/7 = 52 回転となる。同様に，仕掛品の在庫日数の目安は，配膳準備に 1 日，組立工程の実際の組立時間が 1 日とすると合計 2 日になり，最大回転数は 365/2 = 182 回転となる。このように，分類 B 主力品は徹底して回転数にこだわって管理することが重要である。

(3) 部品産業

　部品産業における完成品在庫は，完成品の形状により本当の需要量が隠れてしまうことに注意が必要である。例えば，電子部品のように組立産業側が基板組立のインサータに装填するためにリール化する場合がある。本当の需要量が数百個であっても部品メーカが定める MOQ（Minimum Order Quantity）のリールサイズが 4000 個になっていたりすると需要量が数十倍になって増幅され，勘違いしてしまう。このように，需要量がまとまる場合，需要側の過剰注文に気づかないで造りすぎると需要側に在庫がたまり，突然，需要が止まるというような現象に陥る。このような過剰発注に対する監視が必要である。このような状況を少しでも回避するには，部品メーカと部品実装機器メーカが MOQ を小さくする製造方法，販売方法に改善することが望ましい。また，たとえ主力品で高回転している品目であっても，引取責任に基づく契約量以上は

造らないという原則を守る。

(4) 素材や材料，副資材の調達

また，素材や材料，副資材に対して在庫計画による在庫補充方式を適用する場合，消費量のばらつき率 Rv は 90％以下を目安とする。これを超えると安全在庫量が多くなりすぎる。消費量のばらつき率 Rv が 90％を超える場合は生産計画が団子生産になっていることが考えられる。生産計画の均等化または平準化の改善が必要である。

8.2.3 分類 C 普及品の特性

(1) 一般原則

分類 C 普及品は薄利多売になりがちな品目なので手間をかけないで効率化を目指すことが有効である。しかし，管理の手間を抜いて生産打ち切り時期を誤ると多量に分類 D 裾野品になりかねない危険性がある。生産打ち切り時期の管理が重要な管理ポイントである。

また，分類 C 普及品は週次化，日次化など短サイクル化と小ロット化により劇的な在庫削減が期待できる。

分類 C 普及品は，分類 A 高額品が量産化されて値崩れを起こすことにより分類 C 普及品になる場合，分類 B 主力品の成長が鈍化し安定期または終息期に入り始める場合，の 2 通りの経路がある。

(2) セットメーカおよび組立産業

一般消費財の場合は消費者の嗜好とブランドに支えられて息の長い商品・製品になる。忍び寄る技術革新や競合企業の新商品・サービスによりジワリと在庫過剰になってしまう危険性に注意が必要である。また，製品寿命が長いと過去にご愛顧(儲けさせて)いただいた品目だからという理由で供給を止めることができないこともある。これらの情的継続性を断ち切るには総利益棚卸資産交叉比率 KPI_3 を活用する。総利益棚卸資産交叉比率 KPI_3 が 1.0 を下回る時点で商品の打ち切りを決定する。「いつまでも売れると思うな普及品」である。

8.2 品目管理の4つの特性

(3) 部品産業

　下流側の顧客企業は，需要(消費)量が多いことを理由に引き取り量の責任範囲を超える大量の在庫を要求する例が散見される。分類 C 普及品の場合，量は多いが金額が少ない薄利多売品目であるということを考慮して，このような需要側企業のあいまいな引取責任に対して，供給側企業は毅然とした対応で造りすぎないことが原則である。

　プレスなどの機械加工部品の場合，金型の償却のために一定数量以上の加工が必要になる。金型を必要とする部品は，ほとんどの場合，需要側企業が求める専用部品である。そのため，需要側企業は金型の償却費を捻出できる量の引取責任を負う。償却費の残高分で金型を買い取ることもある。補修部品の製造に関して需要側企業と供給側企業とで取り決めをすることが重要である。

(4) 素材や材料，副資材の調達

　分類 C 普及品は量が多いことが特徴である。また，完成品を造るための専用素材，専用材料の場合は転用が難しい。そのため，下流側工程の生産打切りによって購入素材や材料の在庫が余剰になり，そのまま死蔵品につながる。これは大きな問題である。生産計画から発行される購入指示のみを頼りに調達活動するのではなく，当該素材・材料が組み込まれている下流側工程の製品・商品の4象限分類に目を光らせて，それらの総利益棚卸資産交叉比率 KPI_3 が下がり始めた場合は調達量を抑えていく，などの連携が求められる。また，調達に長い供給リードタイムが必要な素材・材料については，その供給リードタイム期間の需要量分を超える調達量は在庫過剰になるので，未来に向けた調達量から差し引くなどの見直しと調整が必須である。

8.2.4 分類 D 裾野品の特性

(1) 一般原則

　分類 D 裾野品は死蔵品という意味ではない。分類 A 高額品，分類 B 主力品の販売を支援する位置づけのラインナップ上の品目もある。販売戦略に基づいて用意される品目についてはラインナップ政策と合わせて検討する。しかし，現実は死蔵品になるケースが多い。また，補修品や主力品のオプション版などさまざまな要因が含まれていることがある。標準化による裾野化の回避，受注

生産化による見込生産排除，品目の終息宣言，日常の回転対象品目から補修品などの維持対象品目への切り替え，などの対策が必要な品目である。

分類 D 裾野品の総利益棚卸資産交叉比率 KPI_3 は 1.0 を下回る品目が大半を占めると想定される。これらの品目は受注生産に切り替える。総利益棚卸資産交叉比率 KPI_3 は全品目について 1.0 を超えることを管理目標とする。

(2) セットメーカおよび組立産業

分類 D 裾野品は見込在庫品目から受注生産品目に切り替える。使用するアクセサリー品目，オプション品目は標準化・共用化により品目数が少なく，かつ，少しでも量がまとまるように製品開発段階での改善を進める。

(3) 部品産業

分類 D 裾野品は見込在庫品目から受注生産品目に切り替える。切り替えにあたり，同一機能を提供する後継部品を需要側に紹介し，販売品目を切り替えることが望ましい。

また，製造技術上の理由から裾野品が派生的に製造される場合がある。あるいは，金属加工の場合，鍛造や鋳造の精度により完成品の品質に幅ができる。一般にグレードと呼ばれる品目内の品質の違いがある。これは，半導体産業においても発生する。また，化学系の部品メーカでも発生する。これらは，グレード別に在庫を管理する。当初の需要企業が期待する品質幅から外れたからという理由で不良扱いするのではなく，新たな品質基準を定義して，その品質基準でよいという用途の開発につなげる。

(4) 素材や材料，副資材の調達

分類 D 裾野品の素材や材料，副資材は，もともと消費量が少なく，かつ，価格が低いので，社内で忘れられてしまう。開発者・設計者は社内にこれらの素材・材料があるということを知らないで新たに調達する例が見られる。そこで，開発者・設計者向けに，分類 D 裾野品の品目リストを試作品用の部材リストとして整備し，調達前に再利用を促すという施策により効果を上げている例も見られる。このように，需要特性を整理し，需要特性に応じて在庫適正化の着眼点を導き出す。

第9章
在庫適正化ワーキング活動と日常運用

9.1 在庫適正化ワーキング活動

9.1.1 在庫適正化ワーキング活動の考え方
(1) 在庫適正化ワーキング活動推進上の問題

在庫適正化のために各業務が考慮しなければならない業務連携のあり方は，図7.7で示したように，商品特性，生産特性，販売特性，物流特性の共通認識が欠かせない。一方で，企業の組織は図3.1で示したように専門的な職能を中心にグループ化されて部門が編成される[3]。そして，生産，販売，需要予測，物流，調達，財務会計，管理会計，資金会計といった多くの部門にまたがる。専門的な職能による部門編成においては自部門の業績を優先させようとするので，在庫に関して部門最適な行動に陥りやすい。その理由は3.1節で述べたように，部門が果たすべき専門性に着目して業務を遂行しようとすると，在庫に関する取組課題の優先順位はその部門の専門性の優先順位を超えることはないからである。こうして，在庫適正化ワーキング活動を推進しようとしても部門の調整や合意形成に手間のかかる活動になるという問題が顕在化する。この解決の出発は，品目ごとの在庫の状態が各部門の業績とつながりあっていることを部門間で共通認識することである。

(2) 在庫適正化ワーキング活動の狙い

在庫適正化ワーキング活動に参加するメンバおよび部門長は，平時（日常業務）において各部門の取組課題と同列に在庫適正化の優先順位が高いということを事業方針として理解することが重要である。なぜ優先順位が高いかというと，3.2節で紹介したトヨタ生産方式が生まれた背景にあるように，事業活動の成果がキャッシュを生み出すことにつながるという確証がなければ，事業は

第9章 在庫適正化ワーキング活動と日常運用

回らないからである。たとえ利益が計上されていても，その利益計上を支えるために外部からの運転資金の借入額が増加していく体質のままでは，自転車操業になりかねない。在庫が多いという体質は売れば売るほど資金不足になるという事業構造であり，長期的に見て事業は息切れするからである。

そこで，在庫適正化活動の狙いは，第Ⅰ部で述べたように，事業活動においてキャッシュを生み出す体質づくりを狙いとするのがよい。

(3) 在庫適正化ワーキング活動の組立て方

在庫適正化ワーキング活動の組立て方を図9.1に示す。

Step1 ワーキング活動発足準備では，まず，本書で示すキャッシュや在庫に

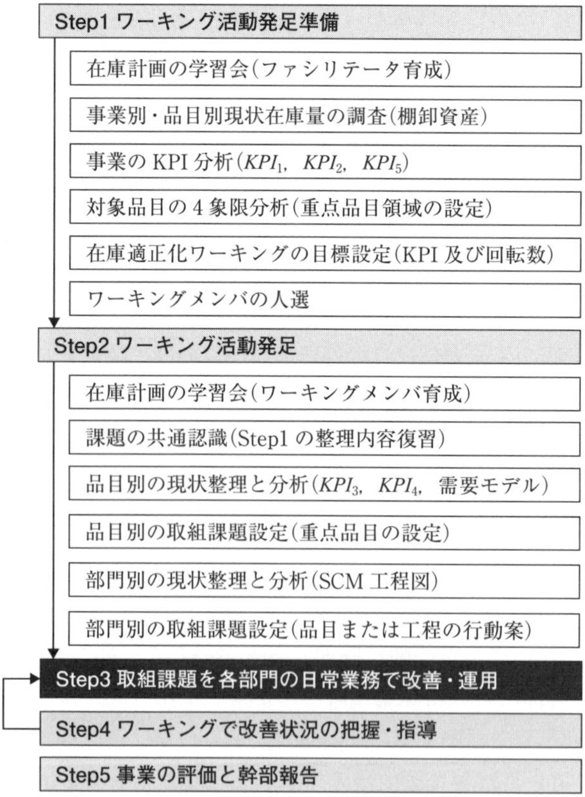

```
Step1 ワーキング活動発足準備
  ├ 在庫計画の学習会(ファシリテータ育成)
  ├ 事業別・品目別現状在庫量の調査(棚卸資産)
  ├ 事業のKPI分析($KPI_1$, $KPI_2$, $KPI_5$)
  ├ 対象品目の4象限分析(重点品目領域の設定)
  ├ 在庫適正化ワーキングの目標設定(KPI及び回転数)
  └ ワーキングメンバの人選

Step2 ワーキング活動発足
  ├ 在庫計画の学習会(ワーキングメンバ育成)
  ├ 課題の共通認識(Step1の整理内容復習)
  ├ 品目別の現状整理と分析($KPI_3$, $KPI_4$, 需要モデル)
  ├ 品目別の取組課題設定(重点品目の設定)
  ├ 部門別の現状整理と分析(SCM工程図)
  └ 部門別の取組課題設定(品目または工程の行動案)

Step3 取組課題を各部門の日常業務で改善・運用
Step4 ワーキングで改善状況の把握・指導
Step5 事業の評価と幹部報告
```

図9.1　在庫適正化ワーキング活動の組立て方

9.1 在庫適正化ワーキング活動

関する考え方を学習し，棚卸情報から現状の在庫水準が適切であるかを評価する。現状の在庫水準が式(5.8)で学んだ必要在庫量 In より多い場合，早速，現状在庫量の削減のための需給調整を実施する。次に，3.3節で学んだ事業のKPI分析(KPI_1，KPI_2，KPI_5)，8.1節で学んだ対象品目の4象限分析(重点品目領域の設定)を実施し，在庫適正化ワーキングの活動目標としてキャッシュに関するKPIおよび在庫回転数を目標設定する。また，その目標に照らして適任者を人選しワーキングメンバを人事任命する。

Step2 ワーキング活動発足では，まず，活動に参加するワーキングメンバと本書で示すキャッシュや在庫に関する考え方を学習する。次に，Step1で整理した現状の在庫水準や重点品目領域，課題を共通認識する。そして，7.2節で学んだように品目別の商品，生産，販売，物流の4つの特性について現状を整理する。また，5.5節で学んだ品目別の需要モデルを統計処理により設定し，キャッシュの動き(KPI_3，KPI_4)を分析する。次に，キャッシュの動き(KPI_3，KPI_4)が期待する水準より低い品目を重点品目として設定し，4つの特性を考慮しながら，なぜキャッシュが回転しないのかについて原因を探り，解決のための取組みを課題化する。そして，それらの取組課題を実際の解決に取り組む担当部門別に仕分ける。

次に，部門別のワーキング活動は，まず，7.3節で学んだSCM工程図を作成して現状を整理する。次に，部門別に仕分けられた取組課題をSCM工程図上に展開しながら，適正在庫位置(カップリングポイント)が適切であるか，供給リードタイムの長さ，ロットサイズの大きさ，品質の安定具合，部品の準備状況，加工方法など，日常の行動を業務基準書，品質基準書などの会社運営のための各種規定と照らしながら，何をどのように改善すればよいかについて行動案として検討する。

Step3 では，部門別の行動案をいつまでに誰が改善する，というように目標時期と担当別に詳細化する。そして，それらの行動案は各部門の日常業務として改善を推進し運用する。日常の活動は品目1件ごとの仕事のやり方について，消費実績と需要統計，必要在庫量，実地棚卸在庫量，発注(生産指示)量，ロットサイズ，購入方法，梱包方法，生産方法，保管方法，受入方法，払出方法などを現地，現物，現実の三現主義で確認する。また，販売部門の場合は得意先・顧客別・品目別に販売促進方法，契約方法，納品方法，顧客検収方法，売掛回

収期間，入金方法などを確認する。そして，それらの実状が需要(消費)と同期して適切であるかを検討し改善していく。

改善活動の最初の分析と検討は，図4.6で示したように適正在庫位置の見直しである。しかし，最も大切なStep3の活動に対して，在庫適正化の対象品目数が多い場合，この確認作業は手間がかかるという理由でコンピュータ上のデータの確認で終わらせる例が後を絶たない。仮に対象品目が10,000件あるとすれば，毎日10分～30分程度の時間をかけて4～5チームに手分けして実地検分する。例えば，1チーム5品目／1日×4チーム×20日×12カ月＝4800品目／年が見直せる。1～2年程度で10,000件の全品目の見直しが可能である。このように，各部門の日常業務として改善活動を推進する。

Step4では各部門の改善状況を現場・現物・現実の三現主義で把握し，ワーキングに報告する。ワーキング活動ではそれらの改善の指導と推進を促進する。また，改善指導を部門別の行動にフィードバックするためStep3とStep4を繰り返して改善を積み重ねていく。

Step5では四半期(3カ月)または半期(6カ月)ごとに改善成果を品目別のKPI指標や4象限分析に集約し，事業の評価としてまとめる。また，半期(6カ月)に1回程度の幹部報告を通して活動を総括する。

この一連の活動は6.2節で述べた新製品開発期から回収期までの品目のライフサイクルの中で，日常業務として継続される。このような在庫適正化活動が日常業務として定着化できると，旧製品の終息，新製品の立上げに目が届くようになり，管理水準が向上する。

9.1.2 業務間連携の改革(事業構造改革)
(1) 管理活動の分析フレーム(機能と情報と情報連携)

前項で示したような品目ごとの在庫適正化活動が日常業務として定着化していくと，部門の役割分担や部門間の情報連携，承認プロセス，などの不都合と改善点が明確化していく。これらの積み重ねにより事業ごとに導入されている管理制度や活動のあり方，業務規程などの見直しの必要性が現実の行動として理解されるようになる。

日本企業の場合，現場発のマネジメント，または，ミドルアップダウンのマネジメントが普及していることもあり，図9.1で示す在庫適正化ワーキング活

動の組立て方は有効である。

　一方で，欧米型のトップダウンのマネジメントの場合，トップからの業務命令以外の活動は現場から無視される。現場側は無視しないまでも，労働強化と受け止めて誤解を招く恐れがある。あるいは，在庫計画を担当する人材採用にあたり（在庫＝倉庫番）のイメージがあり統計技術を使える知的な人材は応募してこない，などの問題がある。このような場合は，図7.7で示したような在庫計画のための業務間連携を設計し，在庫計画業務を機能として定義したうえで情報システム化し，その仕組みを導入することが望ましい。そして，図7.7の左上に記している商品特性，販売特性，生産特性，物流特性の4つの特性は情報システムを運用するための業務条件としてデータベース（マスターファイル）化する。また，在庫計画担当者および責任者を任命して需要モデルの統計処理とデータベースへの更新を業務として指示するようにする。その際，在庫計画担当者および責任者は統計技術を使える知的職能として高い処遇で採用する，などの事業遂行上の仕組みとして位置づける。そして，需要予測（forecast）の仕組みと同列に在庫計画をツール化することがキャッシュを生み出す在庫適正化の成功の秘訣である。

(2) 単位期間の長さ（マネジメントサイクル）

　在庫計画をツール化するにあたり重要な留意点は単位期間の長さの設定である。事業経営者は業績を把握する間隔として週（7日），月（30日），四半期（3カ月または13週），半期（6カ月または26週），1年（12カ月または52週）の報告を求める。事業を管理する仕組みはこれらの間隔で報告できればよい。その結果，毎日の需要情報は単位期間に集約されてしまう。すると，情報は集約され，丸められて毎日の需要モデルの変化に気づかなくなる。一方で，単位期間の長さは5.1.6項で示したように需要モデルの統計処理にあたり平均需要量 Qd の大きさを左右する。単位期間の長さ（補充間隔 C）が短いと平均需要量 Qd は小さくなるので，必要在庫量 In は式(5.16)からわかるように，少なくなる。事業経営者は自身が求める業績把握の管理サイクルに合わせて集約した報告が上がればよいと考えている。このギャップに気づいて，管理者が活用する在庫計画のツールは日々を単位期間としてマネジメントできるように業務間の連携を改革することが体質改善につながる。

(3) 共有情報と連携情報

　キャッシュの動きのうち入金は，販売推進の第一線（フロント）で発生する品目ごと，得意先ごとの1件の売上計上からである。同様に出金は，調達の第一線（フロント）で発生する品目ごと，仕入先ごとの1件の発注からである。これらの1件ごとの取引明細が現実を物語るエビデンス（証左）である。在庫適正化の活動を支える仕組みは，販売推進部門の入金の売上計上の1件に始まり，調達部門の出金の取引明細の1件にたどり着けるように，取引明細が在庫計画の仕組みと連携するよう設計し，第6章で述べたような「在庫計画に基づく補充型需給調整方式」を導入し，入金枠内で出金するような仕組みに改革することが重要である。

　なお，在庫適正化のための業務間連携の改革（事業構造改革）の設計の仕方と進め方については「知識創造時代の知識構造改革」の文献が参考になる[3]。

9.1.3　業務活動の改善

(1) 基本活動の分析フレーム

　必要在庫量 In は式(5.16)からわかるように，供給リードタイム Lcp が少しでも短くなると少なくなる。また，需要のばらつき σd が少しでも小さくなると安全在庫量 S_1 は少なくなる。例えば生産活動の場合，品目（現品・現物）の加工や移動の工程を図7.8で示したように物理的な流れ図として整理し，供給リードタイム Lcp を少しでも短くする。これは改善活動の肝である。同様に，生産計画の団子生産を排除して平準化生産すると部品発注量は平準化し，ばらつきが少なくなり，常備品などの在庫適正化に効果が現れる。

　工程整理の仕方は本書で例示した方法のほかに，IE（industrial engineering）領域，QC（quality control）領域，VE（value engineering）領域で確立されたさまざまな方法がある[24]。本書で例示した方法にこだわらなくてよい。

(2) 生産活動を例としたリードタイム短縮改善

　リードタイム改善の着眼の例は，
・加工時間それ自体を短縮する，
・加工時間の中に含まれる待ち時間や無駄な時間を除く，
・生産ロット量を小さくする，

・工程の作業単位をモジュール化する,
・段取り時間を短縮する,
・段取り替えを外段取り化する,

などさまざまな取組みが考えられる。商品・製品特性と生産・加工方法の特性から改善を進める。

(3) 生産活動を例とした小ロット化・多頻度化による平準化改善

　平準化で誤解しやすいのは単品目の平準化と複数品目の平準化の違いである。まず,単品目の平準化について,同一品目を数日に分けて均等化して造るようにし,その間,それ以外の品目は造らないという平準化の考え方がある。この考え方によれば,まとめ造りにより1個あたり原価の低減や品質安定化といった効果が期待できるので,1カ月分または1週間分をまとめて造りたいと考える。その結果,産出側の完成品は1カ月分または1週間分の在庫になり,投入側も同様に1カ月分または1週間分の材料や部品を在庫として保有することになる。また,生産工程の能力はまとめ造りしている間,他の品目の生産ができないため,その工程を使用する他の品目についても,同様に1カ月分または1週間分の完成品在庫と材料・部品在庫を保有することになる。このような造り方を生産現場の慣例的呼び方で団子生産と呼ぶことがある。

　もう1つの複数品目の平準化は,1日の供給能力の中に1日の需要量を対応させて複数品目造るという平準化の考え方である。この考え方は製造ロットサイズが小さくなるので段取り損など,1個あたり原価が高くなり,品質も不安定になり,製造現場から嫌われる。しかし,この考え方は7.3.2項で紹介した事例のように,生産機会は多頻度になるので保有すべき完成品在庫量と投入する材料・部品も,次の生産機会までの分でよくなり,大幅に在庫は削減する。このように,小ロット化して複数品目を1日の中で造れるようにすることは,1日ごとに供給能力の全体を平準化するという考え方である。この実現は段取り損の改善,小ロット生産での品質安定化など,生産技術上の改善が必須となる。これは,一般に小ロット化,多頻度化,混流生産化,多能工化と呼ばれる改善である。

(4) ばらつき改善

　ばらつきはおもに販売活動で発生する。一時的な売上高確保のためにキャン

ペーンなどの方法で集中販売する場合のほか，需要側の取引条件によって発生することがある。例えば，大規模な需要案件において入札・落札方式による商談の場合，入札時に納期を約束することになる。もし，納期が間に合わないということが明らかで先に商品・製品を手配する場合，落札しなかったときに手配済みの商品・製品の在庫は売れ残る。逆に，落札見通しが低いと判断して少ない量しか準備しなかったとすれば落札時に契約不履行でペナルティを負うことになりかねない。これを需要予測や統計処理による需要モデルで表すと，ばらつき率は大きく，あらかじめ準備する安全在庫量は膨大な量となり安全在庫量が多すぎることによりキャッシュ不足に陥りかねない。

　大規模な需要案件の場合，入札・落札方式による商談は社会的に適正な取引方法である。しかし，発注者側が短納期納品を要求すると，供給側の入札企業は安全在庫量のの増大化による資金不足に耐えられなくなる。そこで，供給側はこの取引ルールを遵守するために，必要な納期を確保したうえでの確定注文による供給ができるように供給リードタイムを短縮し改善する。あるいは，企業内において，適正在庫位置（カップリングポイント）を中間の材料や部品で設定する。そして，中間の材料や部品の在庫から必要な量を造るなどの業務方式に改善することが望まれる。

　発注者側は在庫が物理的に発生する現象であるという正しい認識をもち，落札後に適正な納期を付与することが健全な商取引と業界育成につながる。

9.1.4　改善成果の定着化に欠かせないIT（情報技術）の活用

（1）　実績把握の即時性

　在庫適正化を推進するためには単位期間を短くして日次化を目指し品目ごとに在庫計画を立案することである。そのためには，どこに何がどれくらいあるかを単位期間よりも短いタイミングで適宜に実績把握することが必要である。これにより，在庫のムダが見えるようになる。

（2）　計画立案の短サイクル化

　きめ細かに在庫計画を立案しようとすると需要統計，必要在庫量 In または Ind の計算や補充要求量 Sr の計算が必要になる。事業規模が大きくなると，これらを効率的に行うためには机上のパソコン上の表計算ソフトウェアでは追い

つかない．本格的な情報連携と多品目の在庫実績を記録する情報システムが有効なツールになる．在庫削減によるキャッシュフロー改善効果は大きいので現場改善投資や情報投資を含めても意味ある活動になる．

(3) 基幹業務処理システムとの連携

多くの日本企業は基幹業務処理にERP (enterprise resource planning) と呼ばれる統合業務処理パッケージを導入している．ほとんどのERPパッケージの構造は，4.2節で述べたプッシュ型需給調整方式になっている．これは欧米で一般化している需給調整方式であり，販売計画に基づいて供給を指示する仕様である．そのため，本書で述べる需要実績に基づく在庫計画が連携できないERPパッケージもある．このような場合は，ERPパッケージの外側の仕組みとして在庫計画のための情報システムを追加するとよい．

同様に，第Ⅰ部で述べたキャッシュにかかわる指標 (KPI_1〜KPI_5) の分析や図9.1で示したワーキング活動で使用する情報処理ツールは本書の演習問題を参考に独自に用意する．

(4) 情報処理 (IT) 技術者の教育・啓発

本書はサービス率 (在庫切れ率) を維持する水準の必要在庫量を計画し，その在庫を回転させることによりキャッシュを生むことを目指す在庫計画である．利益最大化はキャッシュが生まれるという事業構造 (体つき，体質) が機能している場合において有効な取組である．しかし，統合業務処理パッケージERPを販売しているITベンダの中には「グローバルスタンダード」というフレーズをキャッチコピーにして在庫計画の重要性を理解しようとしない技術者もいる．本書で示す在庫計画は毎日の需要実績と在庫実績を基幹業務処理パッケージから抽出して統計処理するところが起点である．そのため，基幹業務処理パッケージと在庫計画が連携するように情報システムの改革が求められる．IT技術者に対して本書の知識を普及することも重要である．

9.1.5　キャッシュを生み出す在庫計画の教育と改革活動の推進

(1) 部門間コンフリクトの改革

部門別管理の意思決定において，分権化した組織の業績評価の論理を抜きに

した数学的最適解は，現実に用いられない。例えば，販売部門と生産部門の関係において，販売部門の売上高目標達成のために保有する在庫と費用を，生産部門が負担している例がある。逆に，工場側の生産高目標達成のために産出した品目を販売側に押し込むというような例もある。このとき，経済ロットサイズ EOQ のような数学的最適解が求められていたとしても部門業績の最適性が優先する。これは昔も今も繰り返されて起こることである。この例のような部門最適は，業績が良いときは競争力の原動力になり，業績が悪くなると部門間の利害が衝突する。この部門間の利害衝突は部門間コンフリクトと呼ばれる[3]。

部門間コンフリクトによる企業活動の停滞を排除するためには，意思決定の判断基準として「キャッシュが生まれるか」という経済合理性の原則を徹底し，管理者教育を推進して，品目ごとに改革を積み重ねるようにして推進することが重要である。この例の場合，本書で紹介するように，売れた事実の量以上の在庫はムダであり，それ以下は不足であるという考え方は企業組織内のあらゆる部門の合意を取りやすくする考え方である。

(2) 利益最大化と需要予測の位置づけ

本書の考え方は従来からの物流問題の解法に見られる利益最大化になじまないと受け止められ，理解が得られないことがある。利益が計上されていてもキャッシュが生まれないという現象は 7.2.5 項で述べたとおりである。実際に在庫過剰によりキャッシュが不足していることに気づかないまま経営が行き詰まるという例は 3.3.3 項の P 社の事例で紹介したとおりである。検討の優先順位はキャッシュが生み出されているという前提のもとに利益最大化を図るのが良いといえる[4]。

そのほかにも在庫計画の理解が進まない代表例に需要予測への誤認がある。需要予測は事業計画に必要であり売上高の目標設定に欠かせない。事業の売上高目標を設定するということと，ムダなく供給するということは別のことである。両者が混同されると在庫計画への理解が得られにくい。やがて，技術の進歩により需要予測の精度が向上し，標準偏差を用いて算出する安全在庫量 S_1 の理論値より的確な値が算出できるようになる場合は，本書で述べる安全在庫量 S_1 の算出方法は需要予測に基づく方式へと進化させるのがよい。

(3) 改革推進の教育・啓発の方針

これら(1)〜(3)の背景を念頭において改革の順序は，まず，キャッシュが生み出されるという事業構造を作り出し，次に，売れた量に対応する必要在庫量に対して，最小経費・最短時間で品質を維持しつつ調達・生産・輸送・保管する，という改善の方向性を提示するのが良いと考える．

このように，本書は一貫して「入金範囲内で出金しているか(KPI_2)」，「在庫で利益を喪失していないか(KPI_3)」，「純キャッシュを生み出しているか(KPI_4)」，そのために「売れたという事実の量(Qd)に対して必要な在庫量(InまたはInd)を計画する」，そして「売れた分を造る(補充方式およびジャスト・イン・タイム)」，という在庫と事業経営の関係について体系立てて提唱している．この考え方を企業内の管理者に向けて教育し意識改革を促進する．

9.2 在庫適正化の日常活動

9.2.1 事業方針による在庫状態の監視

(1) 日常の管理対象品目の考え方

在庫適正化の活動は品目ごとに日常的に推進される．しかし，本書が想定していない事業や品目については日常運用の中での在庫計画によるモニタリング(監視)の対象から除外される．それは6.2節で述べたように新品目の開発期に使用する試作用の材料・部品・試作機と，おもに終息期以降の回収期に回収される使用済みの品目である．

(2) 開発期と回収期の管理対象品目

開発期に使用する材料・部品・試作品は開発活動の中で在庫の棚卸が報告される．回収期に回収される使用済みの品目は，一旦，回収品として棚卸資産計上され，その後，3R(reuse，recycle，reduce)などの活動により解体されて再利用の材料・部品・資材などの棚卸資産として在庫に計上される．回収期以前であっても補修品の交換時に回収されて補修後に再利用される品目もある．また，不具合対策などの何らかの理由により，市場に出回っている品目を回収し再利用の可否が判断される場合もある．再利用可否判断ののち，再利用する品目について棚卸資産として在庫に計上される．また，レンタル品のように複数

の利用者に複数回にわたり提供される品目もある。そのほかにも，打切り品，廃棄品と認定し，日常の在庫の管理対象から除外する品目もある。

(3) 日常の管理対象外品目

これらのように，在庫として管理する対象の境目について，どこからどこの範囲を「在庫の回転によりキャッシュを生み出すという事業形態」の対象とするかを決めておくことが重要である。また，管理対象外の品目に対して，キャッシュおよび在庫回転数に代わる管理指標を別途検討する。

9.2.2 品目のライフサイクルによる在庫状態の監視

(1) 品目のライフサイクルの視点による監視の考え方

品目ごとに日常的に推進される在庫適正化の活動は「在庫の回転によりキャッシュを生み出すという事業形態」の品目である。管理対象品目は6.2.1項で述べた品目のライフサイクルと第8章で述べた品目管理の着眼4象限分析を活用しながら品目ごとの在庫の状態をモニタリングする。

まず，品目のライフサイクルは図9.2で示すように，立上期，安定期，終息期，保守期に応じて在庫の状態は遷移する。図中の直線矢印は通常の品目のライフサイクルの変遷である。通常は（立上期→安定期→終息期→保守期）と遷移する。また立上期ののち，上市（市場に新品目を投入すること）された品目の保守期が始まる。これらの一連の流れは事業計画によって切り替えられる。

(2) 品目のライフサイクルの遷移

最初の立上期について，需要発生状況が統計処理可能な件数に達するほどの

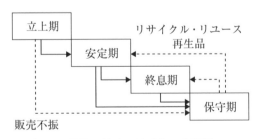

図9.2　品目のライフサイクルの変遷

勢いで立ち上がり始めると，在庫計画は有効に機能し始める．在庫計画が機能し始めると第8章で述べた管理の着眼4象限分析を活用しながら日常活動として在庫の状態をモニタリングし，安定期，終息期へと遷移する．

　一方で，図中の破線矢印は事業計画で描いたとおりにならない遷移を示す．新品目を立ち上げたが販売が伸びないため，安定期，終息期を経ずに打ち切る品目もある．このような品目は事業計画で用意した材料，部品，完成品が過剰在庫になりやすい．

(3) 保守期の在庫状態の遷移

　品目の商品特性が耐久消費財や生産財の場合，品目の機能維持のために部品交換などの保守期に遷移する．保守期では，交換した部品や機構品が回収され，それらが検査・補修されて再利用（リユース）される場合がある．これは在庫計画の対象である．例えば，家庭用の通信サービスにおいて，契約者の転居後に利用済みの通信設備・機器類を一旦回収し，検査・補修後に次の契約者に再利用いただくことが行われる．契約者は通信機器を購入しないで通信サービスのみを利用するので，通信サービス事業の提供者は利用済みの通信設備・機器類であっても検査・補修により再生し棚卸資産（在庫）として在庫計画・管理する．このような在庫計画の場合，再生品の入庫実績を考慮し，再生品による供給を念頭において新品の補充計画を作成する．

9.2.3　管理の着眼4象限分析による在庫状態の監視
(1)　管理の着眼4象限分析による監視の考え方
　売上高や需要量は顧客との関係で変化する．一方で，需給調整の管理者が需給調整のために活動する作業時間には限りがある．そこで，3カ月から6カ月ごとに管理の着眼4象限分析を活用して在庫の状態をモニタリングし図9.3で示すように，品目ごとに日常の管理基準を見直す．図中の実線矢印は目安となる管理の着眼の遷移である．

(2)　分類A高額品の遷移
　分類A高額品が市場で評価を得て需要量が増えて分類B主力品に遷移していく．これは立上期に見られる現象であり，単位期間あたり平均需要量 Q_d，

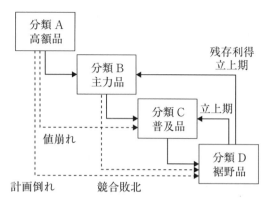

図9.3　管理の着眼4象限の変遷

需要密度 Rd がともに伸長する。

　過剰在庫になる悪い例として分類A高額品が計画倒れによって分類D裾野品に遷移する場合，競争関係で値崩れを起こし薄利多売となって分類C普及品に遷移する場合，などがある。これらは，もともと人為的に管理されていることが多いので在庫の状態監視は把握しやすい。半面，業績などの責任から経営層に報告されない（隠れてしまう）ことへのモニタリングが大切である。

(3) 分類B主力品の遷移

　次の位置にある分類B主力品から分類C普及品への遷移は単位期間あたり平均需要量 Qd，需要密度 Rd，在庫回転数などの低下によって把握することができる。このような遷移が現れた場合，その原因を探ることにより在庫が過剰にならないように供給量を調整する。そのほかにも，競合品が市場に現れて価格が低下した場合，あるいは自社品目においても終息期に新モデルの切り替えが起こり，需要量あるいは価格が下がっていく場合，などがある。供給量の見通しを誤って造りすぎると，すぐに在庫過剰になる。個別に品目の状況をみて判断することが原則である。あるいは，販売部門から動向を聞いて判断しようとしても，販売部門は「売れる」と回答する例が多いので注意が必要である。このように，単位期間あたり平均需要量 Qd，需要密度 Rd が縮退して在庫の状態が遷移する場合は，管理の着眼4象限の中でその品目の位置を確認し，放置せずに割り切って供給量を調整する。

(4) 分類 C 普及品および分類 D 裾野品の遷移

分類 C 普及品から分類 D 裾野品への遷移には，終息期に入る品目がある。また，分類 D 裾野品の中には，分類 A 高額品，分類 B 主力品，分類 C 普及品のアクセサリー品やオプション品などが含まれることもある。そのほかにも，品目の立上期で需要件数が少ない場合，分類 D 裾野品になる品目がある。立上期の品目は需要量の伸長とともに分類 B 主力品，または分類 C 普及品へと遷移する。この場合，単位期間あたり平均需要量 Qd，需要密度 Rd がともに伸長する。

9.2.4　日常の在庫状態の監視

(1)　日常の在庫状態のモニタリング（監視）

管理の着眼 4 象限分析は 9.2.3 項で示したように経営層への報告と管理方法の切り替えなど，四半期（3 カ月）または半期（6 カ月）ごとのモニタリングである。それに対して，日常の在庫状態のモニタリングは，品目ごとに需要モデル（Qd，Rv，Rd）を単位期間（例えば日単位）ごとに更新することによって需要の変化を把握する。需要モデルの変化をモニタリングすることにより必要在庫量の適正さを評価し，単位期間あたり平均需要量 Qd を求めるための移動平均法による時間的な遅延を補完する。

移動平均期間は 5.6.2 項で述べたように統計処理にあたり大数の法則が適用できることを念頭に置いて $Cm=63$ 期（日次処理の場合だと 2 カ月分のデータ）を想定している。移動平均期間が短いと必要在庫量 In または Ind は需要変動に追随して高下する。そのため，供給リードタイム Lcp が長い場合補充要求量の到着と需要変動が同期しにくくなり，在庫切れの制御が難しくなる。これを避けるために，移動平均期間 $Cm \geq$ 供給リードタイム Lcp となるように統計処理する。これにより，必要在庫量の変化は緩やかになり，安全在庫係数 k で設定するサービス率（在庫切れ率 Ros）が想定した理論値の範囲で制御できるようになる。しかし，移動平均期間 $Cm=63$ 期前（2 カ月前）の平均需要量 Qd に対して直近の需要量が大幅に変化するような傾向が見られる場合は，早めに察知して供給量の増減調整が必要になる。これは，特に新製品の立上時や急速な終息期に有効な調整である。

そこで，需要モデルの変動が，設定している安全在庫量 S_1 の許容範囲に収まっているかを日常的に監視する。そのほかに，ばらつき率 Rv と需要密度 Rd

の変化から在庫計画方式や発注方式の見直しの参考とする。

(2) 単位期間あたり平均需要量 Qd のモニタリング

単位期間あたり平均需要量 Qd のモニタリングは必要在庫量 In または Ind が需要変動に対して適切に追随しているかを評価するために行う。その方法は，移動平均期間 Cm と供給リードタイム Lcp の時間差から発生する必要在庫量の違いが安全在庫量でカバーできる範囲に収まるかという判定による。単位期間あたり平均需要量 Qd の伸縮率を Re (demand expansion and contraction ratio)とすると，平均需要の伸縮率 Re の求め方を式(9.1)に示す。当期 i の単位期間あたり平均需要量 $Qd(n, i)$ が供給リードタイム Lcp だけ過去時点の平均需要量 $Qd(n, i-Lcp)$ を基準としてどの程度の伸縮かを算出する。

$$Re(n) = \frac{Qd(n, i) - Qd(n, i - Lcp)}{Qd(n, i - Lcp)} \tag{9.1}$$

また，目標余裕在庫率 Trm は 5.6.2 項で学んだように単位期間あたり平均需要量 Qd に対する安全在庫量の比率を示している。そこで，式(9.2)で示すように，伸縮率 Re と目標余裕在庫率 Trm を比較し，目標余裕在庫率 Trm のほうが大きければ安全在庫量の範囲内で需要変動を吸収できると判断する。また，伸縮率 Re が 1.0 を下回る場合は需要が減少していると判断する。

$$1.0 < Re \leq Trm \tag{9.2}$$

伸縮率 Re が目標余裕在庫率 Trm を上回る場合は需要が急増していることが考えられるので，式(9.3)で示すように伸縮率 Re と目標余裕在庫率 Trm の差分 $(Re - Trm) \times$ 平均需要量 Qd の需要量に対して必要在庫量の不足が発生しやすい状況にあると判断し，供給量を増やす。また，需要量が減少していることが考えられる場合は早めに供給量を減らしていく。

$$平均需要量の調整分 = (Re - Trm) \times Qd \tag{9.3}$$

(3) 平均需要量 Qd の伸縮率 Re を活用した在庫状態のモニタリング例

需要伸縮率による監視の例を図 9.4 に示す。この例の需要データは 6.3.3 項

9.2 在庫適正化の日常活動

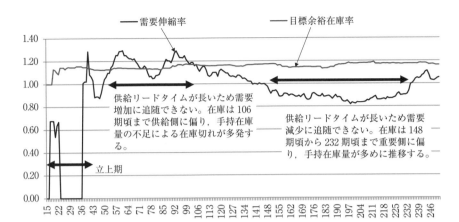

図 9.4 需要伸縮率による監視グラフ例（$Lcp=20$）

の図 6.14 で示した需要データで，改善前は供給リードタイム $Lcp=20$ である。需要伸縮率は立上期以降も目標余裕在庫率 Trm を上回り，安全全在庫量 S_1 だけでは需要変動に追いついていかないという現状の姿が示されている。この例の場合，実務においては理論上の必要在庫量 In に対して経験則に基づいて，さらに供給リードタイムの 20 日分程度の安全（安心）在庫量を確保して在庫を切らさないように運用していた。

そこで，供給リードタイムを $Lcp=5$ に改善するとどのようになるかをシミュレーションする。その結果，図 9.5 で示すように立上期を過ぎると需要の急激な増減に対して安全在庫量 S_1 の範囲で対応できることがわかる。このように検討を進め，供給リードタイム短縮の効果を理解し，改善を推進するための裏付けを品目ごとに重ねていく。

(4) ばらつき率 Rv と需要密度 Rd による計画方式の切替え

在庫計画は統計技術によって支えられている。統計を活用する際，サンプリングデータの件数や分布の形などのさまざまな違いによって統計結果に誤差が生じる。例えば，2 件の需要データが 90 個と 10 個の場合の平均は 50 個である。また，件数が 2 件のため標準偏差は計算できない。そこで安全在庫量は仮にゼロとする。この場合，50 個という実際の需要は存在していないにもかかわらず 50 個に対応するように必要在庫量が計算されたとすると，90 個のデー

第 9 章　在庫適正化ワーキング活動と日常運用

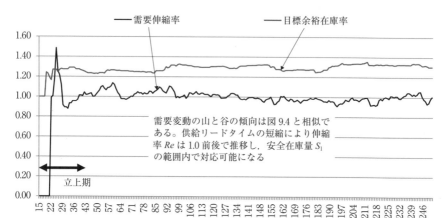

図 9.5　需要伸縮率による監視グラフ例 ($Lcp=5$)

タに対しては 40 個も不足する。あるいは，サンプリングの需要データの分布は 90 個と 10 個のふた山である。それを正規分布としてあつかうことはできない。すると，安全在庫係数 k の根拠が得られない。このように，統計技術を活用するためには守らなければならない前提がある[15]。そこで，本書で述べる在庫計画において統計技術を活用するために需要件数に制約を設けている。

　1 つは大数の法則である[15]。もう 1 つは中心極限の定理である[15]。大数の法則はデータ数を多くとれば平均の値は真の値に近くなることを示した法則である。どの程度の件数が必要かについては研究者と統計の利用場面によってさまざまな解説があるとされる。どの研究者も，概ね 40〜50 件以上としている。また，今までの適用例では 20〜30 件程度でも運用可能な例が多かった。適用にあたり，実際の需要データの分析に基づいて判断する必要がある。

　次に，中心極限の定理はデータ数が多い場合，平均および標準偏差は近似的に正規分布に従うと読み替えてもよいという定理である。多くの場合データが正規分布に従うのはさまざまな誤差が加えあったものを観測しているからだという説明がなされるようである。この定理の適用においても，データ数が多い場合とは，どの程度の件数を指しているかはさまざまな解説があるとされる。どの研究者も，概ね大数の法則が成立する程度の件数としているようなので，本書で述べる在庫計画においても概ね 40〜50 件以上としている。

　そこで，本書における在庫計画の適用について，2.1.1 項で述べた会計年度

との整合を念頭に置いて1年間(365日)を基準にデータ件数が30件程度を超えて大数の法則が適用できそうな範囲を想定する。365日×10％＝36件なので，需要密度 $Rd≧10％$ とし，需要密度 $Rd=10％$ を適用下限の目安とする。これはあくまでも目安である。実用において誤差(場合によっては在庫切れが多くなる，逆に在庫が過剰になる)を承知で活用することは不可能ではないので状況による。

また，ばらつき率 Rv (統計学においては変動係数と呼ぶ)についての適用ルールは特別の決まりはない。本書の在庫計画においては単位期間あたり平均需要量 Qd とその標準偏差 $σd$ の関係について，変動係数を用いて示すことにより需要モデルとして表現しやすくなること，また，安全在庫量 S_1 を単位期間あたり平均需要量 Qd の倍数(目標余裕在庫率 Trm)で表現しやすくなること，すなわち，単位量で在庫計画を説明するという理由で用いている。

一方で，実務において安全在庫量は平均需要量の2倍程度までは生活感覚として許容できそうである。これを超える場合は多すぎると感じる。ばらつきが大きい場合は販売見通しなどの工夫で在庫量を削減するほうが現実的な管理といえる。また，今までの在庫計画の適用実績から，正規分布に近い需要のばらつき率 Rv は30％〜35％程度で，一様分布に近い需要のばらつき率 Rv は65％〜70％程度で，ややすそ野が広がる t 分布らしく見える需要のばらつき率 Rv は90％〜110％程度になることが多い。これらの適用実績を踏まえて，本書では目安として，ばらつき率 $Rv≦90％$ を目安とする。これはあくまでも目安である。在庫計画を有効に活用するために，統計技術面から需要モデルが適正な範囲に収まるように監視することは在庫計画の信頼性向上に欠かせない。

9.2.5 日常の在庫適正化活動の事例
(1) 現状の在庫状態の把握

この例は3.3.2項で例示したS社の2011年度のある事業部門の全品目数410品目のうち受注生産品目を除く在庫計画の管理対象品目132品目についての事例である。ばらつき率 Rv と需要密度 Rd の分布状況の分析例を図9.6に示す。図中の破線で囲んだ枠内の分布が在庫計画適用可能な対象品目である。この図からは需要密度 $Rd≧10％$，かつ，ばらつき率 $Rv≦90％$ の適用対象品目は66品目，$Rv≦130％$ の適用対象品目は75品目であった。

第9章 在庫適正化ワーキング活動と日常運用

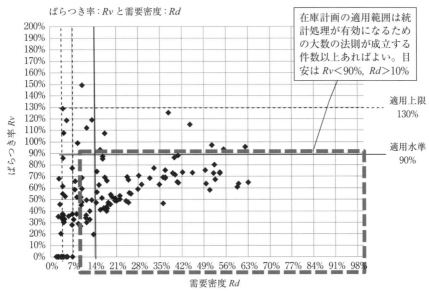

図9.6 ばらつき率 Rv と需要密度 Rd による計画方式の切替え

(2) 目標とする在庫水準の設定と阻害要因の洗い出しおよび改善の実施

　この分布図での分析に加えて管理の着眼4象限分析と照らし合わせると，分類B主力品は120品目で，回転数は7.7回転であった。これはシミュレーションから14.2回転を目指せることがわかった。同様に，分類C普及品は3品目で，回転数は1.4回転であった。これはシミュレーションから2.7回転を目指せることがわかった。需要密度 Rd が10％以下の品目の多数が分類D裾野品であり，また，品目の総利益棚卸資産交叉比率（KPI_3）の分析によりキャッシュが生まれていないという実態が明らかになる。また，SCM工程図の整理から供給リードタイムが長いことに対する改善箇所の洗い出しが行われた。これらの課題検討を踏まえて，徹底して分類B主力品120品目の回転を高めること，全体に共通してリードタイム短縮を図ること，の2点を在庫適正化活動の中心課題に設定する。

9.2 在庫適正化の日常活動

(3) 改善成果の確認

こうして品目ごとの改善活動が始まり2013年度の財務諸表に改善成果が現れる。なお、この事業部門は2012年度決算において事業としての累損を一掃する。また、2013年11月にデミング賞を受賞する[25]。

9.2.6 材料・部品発注方式切替えの判定
(1) 材料・部品発注方式の使い分けの考え方

材料・部品の必要量は、組立産業においては部品表(bill of material：BOM)により完成品の生産指示量から展開される。また、装置産業の場合は配合表(レシピ表)により完成品の生産指示量から展開される。しかし、調達リードタイムが長いために完成品の確定注文後に購入していたのでは納期が間に合わない場合がある。このような場合は材料・部品の位置に適正在庫位置(カップリングポイント)を設定して在庫計画により材料・部品を調達することがある。このような場合の在庫計画は商品特性、生産特性および品目のライフサイクルに応じて2通りの在庫計画方法を切り替えて活用する。1つは4.2節で述べたプッシュ型需給調整方式で必要在庫量は需要計画に基づいて計画量以上は調達しない。この方式は専用材料、専用部品など、複数の完成品で部品を共用しない場合に適用する。また、完成品の立上期、終息期などに適用する。安全在庫量は原則として保有しない。そのため、消費量の変動に対する調達量の調整は納期調整による。もう1つは本書で述べる在庫計画である。この方式は、複数の完成品で材料、部品を共用するなどのように消費量がばらつく場合に有効である。ただし、安全在庫量がムダになる恐れが高いので、需要モデルの監視を強化し、単位期間あたり平均需要(消費)量 Qd の伸縮、ばらつき率 Rv の拡大、需要密度 Rd の低下などの変化を監視して、品目の打ち切り時期を見失わないようにする。

(2) 材料・部品在庫棚卸の業務改善

材料や部品の調達において、よく見られる過ちは、業務処理の手間を省くためにITによる業務処理システムを導入して自動化し、消費量の変化に対して発注点を見直さないまま運用して材料・部品を死蔵在庫化してしまうことである。決算時期の6カ月に1回実施する品目ごとの実地棚卸作業では、材料・部

品の死蔵在庫化は避けることができない。在庫状態の監視は日常業務の入出庫を行うのと同様に，毎日 30 分ほどの時間を割り当て，4～5 チームに手分けして，1 チーム 5 品目程度に小分けして，需要モデル（平均需要量 Qd，標準偏差 $σd$，ばらつき率 Rv，需要密度 Rd），平均需要量 Qd の伸縮率 Re，に対して手持在庫量 Iah，発注残量 Iap，現場，現物，現実の三現主義で確認する。そして，過不足がある場合は，その理由と改善案をチームで考える。例えば，購入量の単位 MOQ が適切であるか，調達リードタイムは長すぎないか，など。そして，実際に改善する。また，改善後の状況を確認する。このように，管理対象品目に対して平時の改善を定着化することが重要である。

9.3 需給調整方式の演習と考察

(1) 確定注文および販売計画によるプッシュ型需給調整方式の演習

① 2～4 人程度でグループを編成する。

② グループ内で，6.6 節で作成した演習ツールを図 9.7 に示すように販売計画方式（4.2.1 項のプッシュ型需給調整方式）に改造する。改造内容は，図 6.47 に示した補充要求量算出ブロックの 7 行目に計画生産指示（Lcp 手前）を追加し，図 6.43 に示した確定需要データを手入力で転記する。転記する列は想定する供給リードタイム Lcp の長さ分手前の時期（列）とする。転記は式を用いて移動すると循環参照になるので，手入力またはマクロ機能などで転記する。次に，任意のセルに補充生産と計画生産の切り替えフラグ欄を新設する。例えば，補充生産は 0，計画生産は 1 というようにコードを決める。6.6 節で作成した時の 8 行目の到着期（Lcp 経過後）の計算式に対して，補充生産と計画生産の切り替えフラグ欄を参照して補充生産のコードの場合は 6 行目から，計画生産のコードの場合は 7 行目から，供給リードタイム Lcp 経過後の列に供給量を転記する式を作成して入力する。この改造により，演習ツールは確定受注に基づく供給方式のツールとなる。

③ 補充生産と計画生産の切り替えフラグ欄を計画生産のフラグに設定する。計画生産のフラグを指定した場合，図 6.44 で作成した在庫受払ブロックの 11 行目にある当期末手持在庫量，5 行目にある在庫切れ率，などの値を記録し，在庫の挙動を確認する。確定受注の場合，手持在庫量はゼロ

9.3 需給調整方式の演習と考察

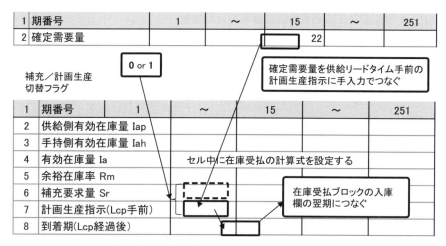

図9.7 補充要求量算出ブロックの変更と販売計画による供給

で,在庫切れ率は0%になる。

④ 次に,販売計画に基づく需給調整を演習する。確定需要量はそのままとする。ただし,演習にあたり,あなたは,まだ実際の需要量は発生していないと仮定し,わかっていないものとする。販売部門から,数通りの販売計画が与えられる。その販売計画量を今回改造した7行目の計画生産指示欄に手入力して確定受注が入った場合の在庫の挙動を確認する。

・販売計画1:5期ごとに5期分の販売予定量を生産する。5期ごとに150個の供給指示を入力した場合の在庫の挙動を確認する。
・販売計画2:1期ごとに1期分の販売予定量を生産する。1期ごとに50個の供給指示を入力した場合の在庫の挙動を確認する。
・販売計画3:1期ごとに1期分の販売予定量を生産する。1期ごとに30個の供給指示を入力した場合の在庫の挙動を確認する。

販売計画1,2および販売計画3により入力した生産指示量の場合の在庫量や在庫切れ率の違いを比較する。

また,③の確定受注に基づく生産との違いを比較する。販売計画が確定受注量に近ければ在庫は少ない。確定受注量との差が在庫になることが理解できる。このように,販売計画による供給方式の在庫量は販売計画の精確度に依存することが理解できる。

第 9 章　在庫適正化ワーキング活動と日常運用

(2) 在庫計画による補充型需給調整方式の演習

① 2〜4 人程度でグループを編成する。

② グループ内で，9.3.1 項で作成した演習ツールを図 9.8 に示すように在庫計画方式(4.4.1 項の補充型需給調整方式)改造する。改造内容は，図 6.43 に示した確定受注データの設定ブロックに対して 3 行目に任意のランダムな需要データの入力欄を追加する。ランダムな需要データの各期に任意の需要量を手入力する。手入力の代わりにマクロ処理などで任意のデータを生成してもよい。ランダムな需要データの入力は何回でもデータを作成し直せるようにするとよい。

次に，任意のセルに確定需要とランダムな需要の切り替えフラグ欄を新設する。例えば，確定需要は 0，ランダムな需要は 1 というようにコードを決める。6.6 節で作成した演習ツールの図 6.44 の在庫受払ブロック，および，図 6.45 の需要統計ブロックの 2 行目の確定需要量に対して，確定需要とランダムな需要の切り替えフラグ欄を参照して確定需要のコードの場合は 2 行目にある確定需要欄から，ランダムな需要のコードの場合は 3 行目から，需要量を転記する式を作成して入力する。この改造により，作

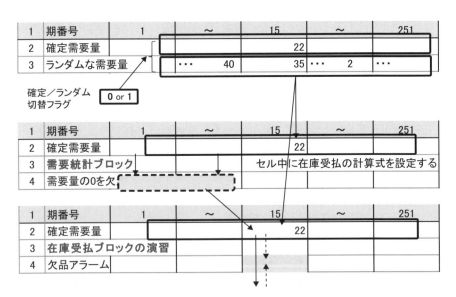

図 9.8　補充要求量算出ブロックの変更と販売計画による供給

9.3 需給調整方式の演習と考察

成した演習ツールはランダムな需要で動作するようになる。

③ 最初は販売計画量を販売計画2に指定して実験する。また，9.3.1項で改造した補充要求量算出ブロックの補充生産と計画生産の切り替えフラグ欄を補充生産と計画生産で切り替えて比較する。あるランダムな需要に対して，図6.44で作成した在庫受払ブロックの11行目にある当期末手持在庫量，5行目にある在庫切れ率，などの値を記録し，在庫の挙動を確認・記録する。計画生産についても同様に，在庫の挙動を確認・記録する。

④ 補充要求量算出ブロックの補充生産と計画生産の切り替えフラグ欄を補充生産に指定した場合，ランダムな需要であっても必要在庫量は需要量の統計処理によって求められ，在庫量や在庫切れ率が制御されていることを確認する。

⑤ 企業での演習の場合，ランダムな需要の代わりに自社の複数品目について実験する。

(3) 需給調整方式の考察

販売計画によるプッシュ型需給調整方式と在庫計画による補充型需給調整方式の実験結果を考察して表9.1にまとめる。

表9.1 在庫計画理論適用効果の考察

No.	項目	販売計画に基づく方法	在庫計画に基づく方法
1	需要統計に基づく需要のモデル化	考察：	考察：
2	必要在庫量 In の計算	考察：	考察：
3	補充要求(供給指示)量 Sr の計算	考察：	考察：
4	実験を通してあなたの所感	例：需要の不確実性に対する挙動の違いは…… 例：安全在庫量の根拠は…… 例：在庫切れの確率と標準偏差の関係は…… 例：ロットサイズの決め方は…… 例：需要予測なしで動作する仕組みとは……	

あとがき

　需要予測の代わりに在庫理論を用いて生産要求量が算出できることを 1991 年に確認（著者にとっては発見であった）したときは驚きであった．それまでも生産管理領域において在庫補充方式は存在していたが，発注点 s や補充点 S の計算根拠は需要予測に基づく方法であった．本書で述べる補充型需給調整方式の動作原理はサイフォンの原理である．また，自動制御でいえばフィードフォワードである．これを 2 年近く熟成させてから 1993 年に世に問い[26]，2005 年に教科書としてまとめ[1]，今回は 3 回目の進化である．今回の進化で，1 つはダブルビン発注方式の基本に立ち返り在庫切れしにくい「需要実績によるフォワード型在庫計画に基づく在庫補充方式」を示したこと，もう 1 つは需要をモデル化して単位量($1Qd$）という表現で在庫の現象を示していることが特徴である．

　繰返しになるが，本書は一貫して「入金範囲内で出金しているか（KPI_2）」，「在庫で利益を喪失していないか（KPI_3）」，「純キャッシュを生み出しているか（KPI_4）」，そのために「売れたという事実の量（Qd）に対して必要な在庫量（In または Ind）を計画する」，そして「売れた分を造る（補充方式およびジャスト・イン・タイム）」，という在庫と事業経営の関係について体系立てて提唱している．この考え方は 1993 年から変わることのない在庫計画の肝であり，企業内の管理者に向けて教育し意識改革を促進する．

　また，現場の経験・勘・度胸（KKD）に基づく実践に在庫計画理論を加えることにより，実りある在庫適正化（ムダな在庫を削減し，かつ，在庫を切らさない）が実現できる．理論に裏付けられた見識を持つ改革リーダの育成はリーダの深い経験と勘を職場内に伝承することを可能にし，経験は確信へと昇華し，確信に裏付けられた度胸は意思決定の勇気に現れて経営体質，経営基盤が構築される．

　本書で提唱する在庫計画方式が，製造・流通企業においてキャッシュを生み出す事業体質構築の考え方および実践方法として定着し，経営に貢献できれば幸いである．

著者　記す

主要な用語解説

〈物品・ソフトウェア・サービス〉
完成品(finished products)：加工・検査が終了して製品勘定に計上する直前の物品・ソフトウェア・サービス
原料(raw material)：化学的な物性変化前の物品・ソフトウェア・サービス
在庫(inventory)：販売や加工を目的に維持・保管・輸送している状態の物品・ソフトウェア・サービス
材料(material)：物理的な形状加工前の物品・ソフトウェア・サービス
仕掛品(work in process)：加工工程途上の完成前の物品・ソフトウェア・サービス
商品(goods)：販売目的の物品・ソフトウェア・サービス
製品(products)：販売目的で自社製造する，または自社製造ブランドの物品・ソフトウェア・サービス
部品(parts)：製品を構成する部分的な物品・ソフトウェア・サービス
ユニット品(unit products)：組立工程途上にある，組立単位の塊によってできる中間的な物品・ソフトウェア・サービス

〈行為・機能〉
加工(process)：物性変化，形状変化，組立，分解，検査，データ処理などの行為・機能
加工工程(process)：物性変化，形状変化，組立，分解，検査などを行う場所または組織体
計画(plan)：担当者または管理者が系統的に行動するための準備の行為・機能または書類
工場(factory, manufacturing)：物品の加工を行う場所または組織体
購買(source, buy)：物品を買って代金を支払う行為・機能
在庫計画(inventory planning)：消費(出庫)実績の統計処理に基づいて物品の必要在庫量を計算する行為・機能または書類
在庫補充(replenishment)：何らかの方法で設定した在庫水準を維持するように物品を供給する行為・機能
仕入(purchase)：外部から物品，ソフトウェア，サービスを買う行為・機能
受注(accepting order)：注文を受け付ける行為・機能
生産(production)：物品を製造する行為・機能
製造(make, manufacture)：物品を造る行為・機能，または，物品を加工(物性変化，形状変化，組立，分解，検査など)する行為・機能
倉庫(warehouse)：物品を保管する場所または組織体
調達(procurement)：外部から物品，ソフトウェア，サービスを買う行為・機能
配送(delivery)：物品を届ける行為・機能
販売(sales)：物品を売って代金を受け取る行為・機能
保管(stock, keep, hold)：物品を維持する行為・機能
輸送(transportation)：物品の場所を移すために物品を運ぶ行為・機能

〈係数・変数〉
(品目関係)
n(number of items)：品目数

主要な用語解説

(需要関係)

Q_0(quantity 0)：見越し需要量，季節変動需要量

Qd(average demand quantity)：単位期間あたり平均の需要量，消費量，出荷量，出庫量

Rd(demand density ratio)：一連の需要，消費，出荷，出庫が暦日に対して発生した割合，密度

Re(demand expansion and contraction ratio)：平均需要量の伸縮率，供給リードタイム前時点の平均需要量 Qd (現在時点の補充要求量の到着)に対する現在時点の平均需要量の比率で示す，$Re = \{Qd(n, i) - Qd(n, i-Lcp)\}/Qd(n, i-Lcp)$

Rv(demand varaety ratio)：Qd の変動係数，$= \sigma d/Qd$，需要のばらつきの割合

Sd(series of demand)：一連の各期の需要量，消費量，出荷量，出庫量

Td(term of demand interval)：需要発生間隔，$Td = 1/Rd$

σd(standard deviation of demand)：Qd の標準偏差，Qd のばらつきの平方根

(在庫量関係)

Hrm(on hand margin stock ratio)：手持余裕在庫率，$= 1 + k \times Rv$

Ia(available inventory)：実測に基づく有効在庫量，$= Iap + Iah$

Iah(available inventory on hand)：実測に基づく入庫から出庫までの手持側の在庫量

Iap(available inventory on process)：実測に基づく供給側(工程系上，受注後，製造中，輸送中，入庫直前まで)の仕掛在庫量の発注残在庫量

In(necessary inventory)：必要在庫量，$= Fd + S_1 + S_0$

k(co-efficient of safety stock)：安全在庫係数

Prm(Peak margin stock ratio)：上限余裕在庫率，ダブルビン発注方式の状態を目安とすると想定値は($Hrm \geq Prm \geq Trm$ の2倍)程度の範囲

Rm(margin stock ratio)：余裕在庫率，$= Ia/Fd$

Ros(out of shortage ratio)：在庫切れ率

S_0(safety stock 0)：見越し在庫量，季節変動在庫量

S_1(safety stock 1)：需要変動在庫量

Sh(stock on hand)：理論計算に基づく入庫から出庫までの手持在庫量

Sp(stock on process)：理論計算に基づく工程系上(受注後，製造中，輸送中，入庫直前まで)の仕掛在庫量

Trm(target margin stock ratio)：目標余裕在庫率，$= 1 + k \times [SQRT(Lcp + C)/(Lcp + C)] \times Rv$

(供給関係)

E_0(extent of capacity 0)：品目ごとの戦略的在庫量 S_0 に対応するために必要な供給能力

E_1(extent of capacity 1)：品目ごとの単位期間あたりに必要な日常の供給能力，$Qd \times Trm \times Rd$

Em(extent of machine capacity)：加工設備の単位期間あたり割当可能能力

Et(extent of term capacity)：単位期間あたりの上積み可能供給能力

Lot(lot size)：供給時のまとめ量の大きさ，お概ね $Qd \times Trm$ 必要である

MOQ(Minimum Order Quantity)：発注時の最小発注単位量

(時間関係)

C(cycle of planning term)：計画策定の間隔時間，在庫計画においては計画策定の間隔期間を1単位期間とした時間単位を設定する。在庫計画の理論式で扱う場合，通常は $C=1$ である

Cm(moving average term)：移動平均期間の長さ

主要な用語解説

Dc(days of calendar)：暦日上の日数，1年間＝365日＝52週＝12月，1週＝7日，1月＝30日＝4.3週

Dw(days of work)：計画上の稼働日数，週5日制＝5日

L(lead-time)：所要時間，何かを行う際に必要な時間の長さ

Lcp(lead-time of coupling point)：現品を補充要求してから適正在庫位置に入庫するまでの所要時間

Ls(lead-time of supply)：現品を注文してから到着するまでの所要時間

m(count of orders in moving average term)：移動平均期間中に発生した需要件数

Rtd(required adjustment to demand timing)：需要発生と供給の入庫タイミングの不一致を調整するための補正期間の長さ

Rw(ratio of work days)：暦日に対する作業日の割合，週5日稼働の場合＝5/7

Ut(unit of term)：1単位期間の長さ，1年間を単位期間表現する場合に使用する1年間を四半期という単位で表現すると1単位期間＝91.25日で単位数は4個(4四半期)，1年間を月という単位で表現すると1単位期間＝30.42日で単位数は12個(12カ月)，1年間を週という単位で表現すると1単位期間＝7.01日で52個(52週)，1年間を日という単位で表現すると1単位期間＝日で365個(365日)，それぞれ換算する

(交叉比率関係)

KPI_1(key performance indicator 1)：短期借入金返済能力比率，＝売上総利益／短期借入金

KPI_2(key performance indicator 2)：キャッシュ収支比率，＝(現預金＋売掛金)／(買掛金＋短期借入金)

KPI_3(key performance indicator 3)：売上総利益棚卸資産交叉比率，＝売上総利益率／棚卸資産率＝$Rgm/Rinv$

KPI_4(key performance indicator 4)：営業利益棚卸資産交叉比率，＝営業利益率／棚卸資産率＝$Rop/Rinv$

KPI_5(key performance indicator 5)：売上高総費用比率，＝売上高／総費用

Rgm(ratio of gross margin)：売上総利益率，＝売上総利益／売上高，売上高を1.0としたときの売上総利益の割合，$Rsc+Rgm=1.0$である

$Rinv$(ratio of inventory)：棚卸資産率，＝棚卸資産／(売上原価＋棚卸資産)，総生産高を1.0としたときの棚卸資産の割合，$Rsc+Rinv=1.0$である

Rop(ratio of operating profit)：営業利益率，＝営業利益／売上高，売上高を1.0としたときの営業利益の割合

Rsc(ratio of sales cost)：売上原価率，＝売上原価／売上高，売上高を1.0としたときの売上原価の割合

$Tinv$(term of inventory)：棚卸資産滞留期間

Tmt(term of material)：原材料・部品在庫滞留期間

Tpr(term of products)：完成品在庫滞留期間

Twp(term of work in process)：仕掛在庫滞留期間

Urv(unit value of revenue)：単位期間あたり売上高

Usc(unit value of sales cost)：単位期間あたり売上原価額

参考文献

[1] 光國光七郎:『経営視点で学ぶグローバル SCM 時代の在庫理論―カップリングポイントと在庫計画理論―』, コロナ社, 2005 年.
[2] シアラン・ウォルシュ著, 梶川達也・梶川真咊訳:『マネジャーのための経営指標ハンドブック』, ピアソン・エデュケーション, p.151, 2001 年.
[3] 光國光七郎:『知識創造時代の事業構造改革』, コロナ社, 2012 年.
[4] 高畑省一郎:『会社を絶対つぶさない仕組』, ダイヤモンド社, 2013 年.
[5] 池渕浩介:『トップが語る現代経営』, 第 10 巻, pp.64-65, 創価大学出版会, 2002 年.
[6] 大野耐一:『トヨタ生産方式』, ダイヤモンド社, 1978 年.
[7] 大野耐一:『大野耐一の現場経営』, 日本能率協会マネジメントセンター, 1982 年.
[8] 黒田充, 田部勉, 圓川隆夫, 中根甚一郎:『生産管理』, 朝倉書店, 1989 年.
[9] James H. Greene:*Production & Inventory Control Handbook(Third edition)*, McGraw-Hill, 1997.
[10] 光國光七郎:「実用段階を迎えたカップリングポイント在庫計画」,『経営システム』, Vol.16, No.5, 日本経営工学会, 2004 年.
[11] ジャスト・イン・タイム生産システム研究会編:『ジャスト・イン・タイム生産システム』, 日刊工業新聞社, 2004 年.
[12] 小谷重徳:『理論から手法まできちんとわかるトヨタ生産方式』, 日刊工業新聞社, 2008 年.
[13] J.F.マギー著, 松田武彦・千住鎮雄 訳:『生産計画と在庫管理』, 紀伊國屋書店, 1961 年.
[14] 児玉正憲:『生産・在庫管理システムの基礎』, 九州大学出版会, 1996 年.
[15] 永田靖:『入門統計解析法』, 日科技連出版社, 1992 年.
[16] 光國光七郎, 牧秀樹, 都島功, 薦田憲久:『カップリングポイントによる加工組立プロセス向け適正在庫位置設定方式』,「電気学会論文誌」C 分冊, 120-C, 1, pp.132-137, 2000 年.
[17] 金田晴美:「A 社におけるばらつきの大きい受注モデルに関する需給調整方法の研究」,『早稲田大学大学院修士論文予稿集』, 早稲田大学理工学術院創造理工学研究科経営デザイン専攻, 2015 年.
[18] 光國光七郎, 高橋直紀:「需要統計に基づく供給ロットサイズ算出方式」,『日本機械学会年次大会平成 20 年度予稿集』, 2008 年.
[19] 周学明, 光國光七郎:「需要統計に基づく供給ロットサイズ算出方式の提案」,『日本経営工学平成 24 年度秋季大会予稿集』, pp.46-47, 2012 年.
[20] 光國光七郎, 冨田幸宏, 都島功, 薦田憲久:「供給能力制約下での余裕在庫率による多品目向け最適在庫補充方式」,『電気学会論文誌』C 分冊, 120-C, 10,

参考文献

pp.1416-1421,2000 年.
[21] 宮地祐司,『サイフォンの科学史』,仮説社,2012 年.
[22] 吉川英夫:『在庫管理の実際』,日科技連出版社,1983 年.
[23] 光國光七郎:「需給マネジメントにおける在庫適正化の実践」,『IE レビュー』274 号,Vol.53, No.1, pp.6-12, 日本 IE 協会,2012 年.
[24] 吉本一穂,大成尚,渡辺健:『メソッドエンジニアリング』,朝倉書店,2001 年.
[25] 日本科学技術連盟:「サンデン株式会社店舗システム事業 2013 年度 デミング賞受賞報告」,https://www.juse.or.jp/deming/download/02.html
[26] 光國光七郎:「在庫削減と納期短縮の両立を目指す新しい生産管理手法」,『日経メカニカル』,Vol.415, pp.42-49, 1993 年.

索引

【数字】
3R　185
4象限分析　167
6種類の在庫　51

【A－Z】
ABC分析　84, 166
BaaN Ⅳ　56
BOM　195
B/S　16
CCC　54
CODP　56
EDINET　27, 33
EOQ　54, 85
ERP　183
GMROI　151, 153
G-RD　97
Hrm　72
IE　180
KPI分析　177
LN　56
MOQ　171
MPS　56
MRP Ⅱ　56
OR　53
P/L　15
QC　180
Rm　71
Rv　66
SCM　56
Td　67
Triton　56
Trm　71
VE　180
VMI　56, 85

【あ行】
アクセル　130
後工程取引　41
安全　158
安全在庫　48
　——係数　49
　——量　69
安定期　93
移動平均　107
　——法　67
売上原価　16
　——率　19
売上総利益　2, 11
　——率　19
売上高総費用比率　22, 29, 32
運転資金　78
営業キャッシュフロー　6, 7, 9
営業利益　11
　——率　19
営業利益棚卸資産交叉比率　22, 126, 129, 166
エシェロン　85

【か行】
会計年度　14
化学的変化　154

索　引

確率密度分布係数　49
加工特性　155
加工方法　145
カップリングポイント　44，55，177
稼働日の比率　59
環境　158
間歇需要　74
カンバン　41
管理サイクル　132
期間必要在庫量　52
季節変動　95
基点在庫管理　85
機能実現　155
キャッシュ・コンバージョン・サイクル　54
キャッシュ収支　2，10
　──比率　11，29，32，126
供給側在庫量　82
供給側有効在庫量　104
供給負荷の平準化　87
業績報告　15
経済ロットサイズ　54
原価　158
現場発のマネジメント　178
高額品　168，187
工程　158
工程改善　162
工程仕掛在庫　50

【さ行】

在庫回転数　177
在庫切れ率　107
在庫水準の安定化　87
在庫配分　84
最適化在庫補充方式　91
財務キャッシュフロー　7
サービス率　49
サプライチェーン　46，158
指数平滑法　67
自転車操業　176
四半期　14
ジャスト・イン・タイム　25，57
終息期　94
受注生産　37
需要発生間隔　67
需要変動予防在庫　48
需要モデル　61，65
主力品　168，188
上限余裕在庫率　91
商品特性　142，175
小ロット化　181
伸縮率　190
裾野品　168，189
生産特性　143，175
先行補充　88，105
戦略在庫量　78
戦略的生産量　116
総利益棚卸資産交叉　21
　──比率　21，29，32，107，129，166，172
損益計算書　15

【た行】

貸借対照表　16

索引

大数の法則　53, 66, 85, 192
滞留期間　16
立上期　93
棚卸回転数　129
棚卸資産率　20
多頻度化　181
ダブルビン発注方式　53, 62, 85
単位期間　52
短期借入金　12, 129
短期借入金返済能力比率　9, 28, 31
単純平均　107
中心極限の定理　53, 66, 192
ティア1　147
定期発注点　83
定期発注点発注方式　83
定期発注方式　56, 58, 61, 69
定期不定量発注方式　83, 86
定期補充点方式　83
定量発注方式　61, 70, 86
デカップリング　43, 55, 69
適正在庫位置　55, 145, 148, 177
手持側在庫量　82
手持側有効在庫量　104
手持余裕在庫率　72
倒産の危機　25
投資キャッシュフロー　7
トップダウンのマネジメント　179
トヨタ生産方式　26, 41, 175

【な行】

納期対応在庫　51
能力制約　86

【は行】

パイライン在庫量　70
バックワード　38, 56, 116, 118
発注点方式　83
発注方式　61
ばらつき改善　181
ばらつき率　58, 66, 193
販売可能数　81
販売特性　143, 175
販売予定数　81
必要在庫量　52, 85, 107
人偏の付いた自働化　25
品質　158
品目のライフサイクル　153, 186
フォワード　38, 47, 86, 118, 122
普及品　168, 189
プッシュ　37
プッシュ型需給調整方式　80
物理加工　155
物流特性　143, 175
不定期定量発注方式　83
不定期不定量発注方式　83
部品表　195
部門間コンフリクト　184
プル　41, 47
ブルウィップ　56
プル型需給調整方式　80
ブレーキ　130
平準化改善　181
平準化発注　87
変動係数　58
保管費用　156
補充型需給調整方式　80

209

索引

補充点方式　83
補充要求量　82
保守期　94

【ま行】

マスカスタマイゼーション　155
見越し在庫　48
ミドルアップダウンのマネジメント　178
目標余裕在庫率　71，125
モラール　158

【や行】

有効在庫量　71，104，107

優先補充　88，105
輸送在庫　50
輸送費用　156
余裕在庫率　71，85，125

【ら行】

ライフサイクル　92
利益喪失　2
利益創出モデル　144，146，148，148，151，157
リードタイム短縮改善　180
ロットサイズ　71，86
　——在庫　49

著者略歴

光國光七郎（みつくに　こうしちろう）
1950 年　新潟県生まれ
1968 年　㈱日立システムエンジニアリング勤務
1969 年　㈱日立製作所勤務
1985 年　創価大学卒業（通信教育部経済学部）
2000 年　大阪大学大学院博士後期課程修了（情報システム工学専攻）
　　　　博士（工学）
2007 年　㈱日立コンサルティング勤務
2007 年　多摩大学大学院客員教授
2010 年　早稲田大学理工学術院　創造理工学研究科
　　　　経営デザイン専攻　教授　現在に至る
2015 年　同　特任教授，現在に至る

著書に
『経営視点で学ぶグローバルSCM時代の在庫理論』（コロナ社，2005），『進化するBPR　知識創造時代の事業構造改革』（コロナ社，2012）がある．

在庫と事業経営
―カップリングポイント在庫計画理論―

2016 年 6 月 29 日　第 1 刷発行

著　者　光國光七郎
発行人　田中　健

発行所　株式会社 日科技連出版社
〒151-0051　東京都渋谷区千駄ヶ谷5-15-5
　　　　　DSビル
電　話　出版　03-5379-1244
　　　　営業　03-5379-1238

検印省略

印刷・製本　㈱リョーワ印刷

Printed in Japan

© Koshichiro Mitsukuni 2016
ISBN 978-4-8171-9585-2
URL http://www.juse-p.co.jp/

本書の全部または一部を無断で複製（コピー）することは，著作権法上の例外を除き，禁じられています．